Eichhörnchen entdecken!

Unsere wilden Nachbarn

Für Helga und Walter

*

Birte Alber und Carsten Cording

BA|CC

tredition®

Inhalt

Ein wilder Besucher auf dem Balkon!

Guten Tag!

Umgegrabene Blumentöpfe, leergeräumte Futterschälchen und verstreute Nussschalen – endlich wieder Eichhörnchen!

Ein Jahr lang besuchten uns zwei rote Hörnchen täglich auf unserem Balkon und wurden fast Teil der Familie. Eine großartige Gelegenheit, noch näher an unsere wilden Nachbarn heranzukommen. Von unseren beiden Hauptakteuren – Paddi und Lu – bekamen wir einen ganz besonderen, geradezu privaten Einblick in das Leben der Eichhörnchen.

Neue, hautnahe Begegnungen und die dabei entstandenen »Ganz-nah-dran«-Fotos haben uns zu »Eichhörnchen entdecken!« angestiftet. Die sehr positive Resonanz auf »Das Eichhörnchenbuch« hat uns gezeigt, dass viele Menschen ein großes Interesse an Eichhörnchen haben.

Inzwischen sind außerdem viele neue Kontakte zu anderen Eichhörnchenfreunden entstanden. Auch von ihnen lernten wir Neues über die Hörnchen. Sabine Bergner-Rust vom Eichhörnchen Notruf e.V. verdanken wir den detaillierten Input und Fotos mit ganz besonderen Motiven zu den Kapiteln über das Aufwachsen der Jungtiere und die Aufzucht von Eichhörnchenfindelkindern.

In »Eichhörnchen entdecken!« haben wir versucht, möglichst umfassend Aspekte und Hintergründe zur Biologie der Eichhörnchen und deren Lebenssituation in der Stadt zusammenzutragen – natürlich ohne Anspruch auf Vollständigkeit. Auch dieses Mal soll das entstandene Buch kein wissenschaftliches sein.

»Eichhörnchen entdecken!« stellt viele anschauliche Informationen über die Hörnchen bereit. Zahlreiche außergewöhnliche Fotos illustrieren die Texte und zeigen gleichzeitig die Magie der kleinen Puschelwesen.

An einigen Stellen haben wir Tipps eingefügt, gesammelt aus der Praxis von Eichhörnchenexperten, der Literatur und eigenen Erfahrungen.

Wir wünschen viel Freude beim Lesen und Anschauen!

Birte Alber und Carsten Cording

Allgemeines

- > Art und Aussehen
- > Der Lebensraum
- > Die Behausung
- > Das Verhalten
- > Die Körperpflege
- > Die Ernährung
- > Die Bewegung

Art und Aussehen

Eichhörnchen gehören zu den Nagetieren und bilden in der Familie der Hörnchen eine eigene Gattung – die der »Eichhörnchen«. Diese umfasst weltweit 28 Arten. In Deutschland und Mitteleuropa kommt hauptsächlich eine Art vor: das Europäische Eichhörnchen (Sciurus vulgaris) mit seinen Unterarten. Der Übersichtlichkeit halber möchten wir auf die verschiedenen Eichhörnchenarten nicht weiter eingehen und verweisen auf die Fachliteratur. Wir meinen das Europäische Eichhörnchen, wenn wir ganz allgemein von Eichhörnchen schreiben.

Eichhörnchen sind gut an ihrem Fell und dem buschigen Schwanz zu erkennen. Ein verbreiteter Irrtum ist es, dass Eichhörnchen immer ein rotes Fell haben. Die Färbungen des Eichhörnchenfells sind vielfältig und reichen von rot über braun bis hin zu schwarz. Mischfarben und Farbübergänge sind häufig. Sogar weiße Eichhörnchen kommen vor, sogenannte Albinos, bei denen durch einen Gendefekt die Haare ganz ohne Farbpigmente wachsen. Dieses Phänomen ist allerdings selten.

Eichhörnchen haben nicht immer rotes Fell. Es gibt auch braune und sogar schwarze Eichhörnchen.

Das Winterfell ist gräulicher als das Sommerfell. Im Winter wachsen den Hörnchen außerdem lange Ohrpinsel.

Dafür ist allen Eichhörnchen gemeinsam, dass ihr Bauchfell weiß ist. Die Färbung variiert von reinweiß bis leicht cremefarben. Der biologische Sinn dieser Fellfärbung scheint klar: Von oben, aus der Luft gesehen, passt sich ein dunkel gefärbter Eichhörnchenrücken dem Waldboden und den Baumrinden an. Beim Blick vom Boden nach oben verschwindet der weiße Bauch im hellen Himmel. Diese Tarnung funktioniert so gut, dass Eichhörnchen in den Bäumen nur schwer zu entdecken sind. Ihre flinke Kletterei tut ein übriges.

Im Laufe des Jahres wechseln Eichhörnchen ihr Fell: Das Sommerfell ist leuchtend und glänzend und weist nur dünnes Unterhaar auf. Das Winterfell ist deutlich dichter und enthält mehr Unterhaar. Dieses besteht aus Wollhaaren, die für Wärme sorgen. Das Winterfell wirkt insgesamt grauer, weshalb Eichhörnchen im Winter gelegentlich irrtümlich für Grauhörnchen gehalten werden. Der Grauschleier entsteht durch den höheren Anteil der Wollhaare, die weniger Pigmente als das Oberhaar enthalten.

Beim Haarkleid gibt es noch einige spezielle Besonderheiten: Zum Winter hin, etwa ab September, wachsen den Eichhörnchen Haarpinsel auf den Ohren. Diese Ohrpinsel erreichen eine beachtliche Länge von bis zu drei Zentimetern. Beim Wechsel zum Sommerfell, ab März/April, fallen die Ohrpinsel wieder aus. Mit dem Winterfell wachsen den Hörnchen auch Haare auf den Fußsohlen – Fell statt Socken!

Ein lebenswichtiger Teil der Behaarung sind die Tasthaare (Vibrissen), die als zusätzlicher Sinn bei der Orientierung in den Baumwipfeln helfen. Am Maul sind die langen Vibrissen deutlich zu sehen. Weitere Tasthaare befinden sich punktuell an verschiedenen Stellen des Körpers.

Im dicken Winterfell wirken Eichhörnchen viel fülliger als im Sommer.

Der Schwanz ist fast genauso lang wie der Körper des Eichhörnchens.

Rechte Seite:
Bei Kälte wärmt der buschige Schwanz.

Das auffälligste Merkmal der Eichhörnchen ist ihr puscheliger Schwanz. Er ist 15 bis 20 Zentimeter lang und übernimmt vielfältige Funktionen. Der Schwanz ist wichtig für die Balance bei Klettereien im Geäst, er dient als Steuerruder bei größeren Sprüngen, wird zum Zudecken und Wärmen in Ruhepausen verwendet und er hat in der Kommunikation der Eichhörnchen eine große Bedeutung. Der Puschelschwanz verrät zum Beispiel ziemlich deutlich Aufregung, Ärger und Anspannung. Er spielt auch eine Rolle beim Beeindrucken der Eichhörnchenweibchen in der Balzzeit.

Um den Eichhörnchenschwanz ranken sich allerdings auch ein paar hartnäckige Gerüchte. Er ist zum Beispiel kein geeigneter Fallschirm, weil er den Fall eines Eichhörnchens nicht nennenswert abbremst, dafür ist die Schwanzbehaarung zu luftdurchlässig. Und: Die wissenschaftliche Namensgebung »Sciurus vulgaris« ist wohl nicht ganz korrekt: Im Griechischen heißt »skia« Schatten und »oura« Schwanz. Demzufolge läßt sich »Sciurus« umständlich als »Der sich mit dem Schwanz Schatten Spendende« oder kurz als »Schattenschwanz« übersetzen. Die Vorstellung, dass Eichhörnchen ihren puscheligen Schwanz als Sonnenschirm benutzen, ist falsch. Aber zur Wärmeregulation dient er dennoch. An heißen Tagen spendet der Schwanz Kühlung, weil sein Gefäßnetz besonders gut durchblutet wird. So gibt dessen große Oberfläche überschüssige Wärme ab. Dass der Puschelschwanz an kalten Tagen wärmt, sieht man ihm schon an. Zusätzlich vermeiden Eichhörnchen Wärmeverlust bei kaltem Wetter dadurch, dass der Schwanz nur schwach durchblutet und somit kaum erwärmt wird.

Faszinierend zu sehen ist immer wieder, wie gewandt Eichhörnchen ihre Pfoten einsetzen. Rasend schnelles Klettern an der Baumrinde, in den Zweigen, an glatten Rohren oder Wänden gelingt ihnen mühelos. Und das Ganze, genauso spielerisch leicht, funktioniert auch kopfüber. Wie geschickt Eichhörnchen insbesondere mit ihren Vorderpfoten sind, kann man zum Beispiel an einer Futterstation beobachten. Wenn sie Nüsse in ihren Pfoten

Rechte Seite, kleine Fotos:
1. »Wet-Look« im Regen.
2. Schwarze Fellvariation.
3. Der Puschel von oben betrachtet.
Großes Bild: Alle Eichhörnchen haben einen weißen Bauch.

Unten:
Die faszinierend geschickten »Hände«.

drehen oder Sonnenblumenkerne greifen, wirkt es so, als wären kleine Menschenhände am Werk.

An den Fingern tragen sie scharfe Krallen, die ihnen ihre Kletterkünste und auch eine gewisse Wehrhaftigkeit verleihen. Mit diesen »Händen« können die Hörnchen aber auch ganz sanft greifen. Das kann man erfahren, wenn einem ein Eichhörnchen eine Nuss aus der Hand nimmt.

Links oben:
Die langen Tasthaare, zum Beispiel am Bauch, nennt man Vibrissen.

Links unten:
Winterliche Ohrpinsel aus einer anderen Sicht ...

Kreis: Braune Fellvariation.

Rechts:
Die Tasthaare am Maul sind die sichtbarsten. Und – winterliche Ohrpinsel in voller Pracht!

Die Eichhörnchenpfoten müssen vielfältige Funktionen erfüllen und sind deswegen besonders gebaut:

Die Vorderpfoten haben vier lange Finger mit Krallen und einen sehr kurzen, verkümmerten Daumen. Beim Klettern benutzen die Hörnchen ihre Krallen, um sich in der Baumrinde einzuhaken. Weil ihre Pfoten so beweglich sind, können Eichhörnchen auch abwärts äußerst flink klettern. Zwei Finger zeigen dabei nach oben und zwei nach unten. So können die Hörnchen sich mit ihren Krallen stabil einhaken.

Die Eichhörnchenfüße haben fünf lange, mit Krallen versehene Zehen. Im Verhältnis zur Körperlänge sind die Füße riesig. Ihre Größe passt allerdings gut zu den sehr kräftigen Hinterläufen, mit denen Eichhörnchen Sprünge von fünf Metern oder mehr machen können. Eine anatomische Besonderheit von Eichhörnchenfüßen ist, dass sie als Ganzes um 180 Grad nach außen gedreht werden können, ohne dabei den Rest des Beines mitzubewegen. Das ist ein weiterer Vorteil beim Klettern und Festklammern. Angeblich bekommen Eichhörnchen Schweißfüße, wenn sie aufgeregt sind. Das konnten wir noch nicht beobachten und wissenschaftlich belegt scheint dies auch nicht zu sein. Fakt ist aber, dass sie über Drüsen an den Pfoten ein Sekret abgeben. Ob dies als Duftmarkierung des Reviers oder einfach zur Pflege der Fußballen dient, ist nicht geklärt.

Eichhörnchen haben eine charakteristische und schlanke Figur. Erwachsene Hörnchen können zwischen circa 200 und 480 Gramm wiegen. Der leichte Körperbau ist in allen Details festzustellen. Neben der schlanken und kraftvollen Muskulatur, besitzen sie ein sehr leicht gebautes Skelett. Diese Anpassung an das Leben in den Baumwipfeln macht die Eichhörnchen zu so besonderen Kletterern und Springern. Übergewichtige Eichhörnchen in freier Wildbahn gibt es vermutlich nicht. Vor übermäßigem Fettansatz bewahrt sie ihr aktiver Lebensstil und der Instinkt, überzähliges Futter zu verstecken,

Linke Seite oben:
Eichhörnchenfüße sind sehr beweglich und ermöglichen auch problemloses Kopfüberklettern.

Unten:
Die Vorderpfoten werden ähnlich wie Hände benutzt.

statt alles gleich zu verschlingen. Das einzige, sagen wir mal, etwas sehr stattliche Hörnchen, das wir getroffen haben, war in seiner Beweglichkeit stark eingeschränkt, aufgrund von Knochenbrüchen in jungen Jahren. Es lebt – zu seinem Schutz vor Feinden – in der Eichhörnchen-Auffangstation Eckernförde.

Eichhörnchen können gut sehen. Ihre Augen sind seitlich angeordnet, so dass sie ein großes Gesichtsfeld mit gutem Blick nach vorne wie auch zu den Seiten haben. Anders als wir Menschen sehen Hörnchen auf der ganzen Netzhaut scharf. Das heißt, sie müssen nicht auf den Punkt fokussieren, auf den sie schauen. Auch ist ihr Farbspektrum ein anderes als das menschliche. Rot und Grün können sie nicht unterscheiden.

Ihr Gehör ist ebenfalls sehr gut entwickelt. Gutes Hören ist wichtig, um anschleichende Feinde rechtzeitig auszumachen. Bei lauten Geräuschen ergreifen Eichhörnchen meist sofort die Flucht. Aber auch leise Geräusche, wie zum Beispiel Knistern und Rascheln, sind ihnen verdächtig – und schon sind sie weg!

Ein Eichhörnchen ist immer auf dem Sprung …

Rechte Seite:
An ihrer charakteristischen Figur sind Eichhörnchen leicht zu erkennen.

Mit ihren kurzen, runden Stupsnasen können Eichhörnchen hervorragend riechen. Damit sind sie bestens in der Lage, auch vergrabene oder versteckte Nahrung aufzuspüren. Dies ist eine sehr wichtige Fähigkeit, mit der sie ihre Wintervorräte wiederfinden. Angeblich können sie durch geschlossene Nussschalen riechen, ob der Kern verdorben ist, und sich in einem solchen Fall das Aufnagen ersparen. Eine sehr wichtige Rolle spielt der hochentwickelte Geruchssinn bei der Verständigung mit Artgenossen. Im eigenen Revier werden Duftmarken verteilt, die Neuankömmlingen signalisieren sollen: Hier ist besetzt! Auch die Wiedererkennung unter Eichhörnchen wird durch den feinen Geruchssinn unterstützt. Ihren individuellen Duft verteilen sie mittels ihrer Duftdrüsen am Kinn während des täglichen Putzens auf ihren gesamten Körper .

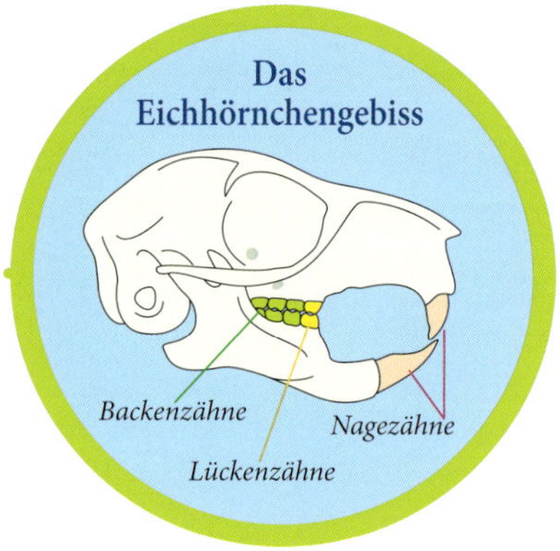

Fotos unten:
Oben das Geschlecht eines Männchens, darunter das eines Weibchens.

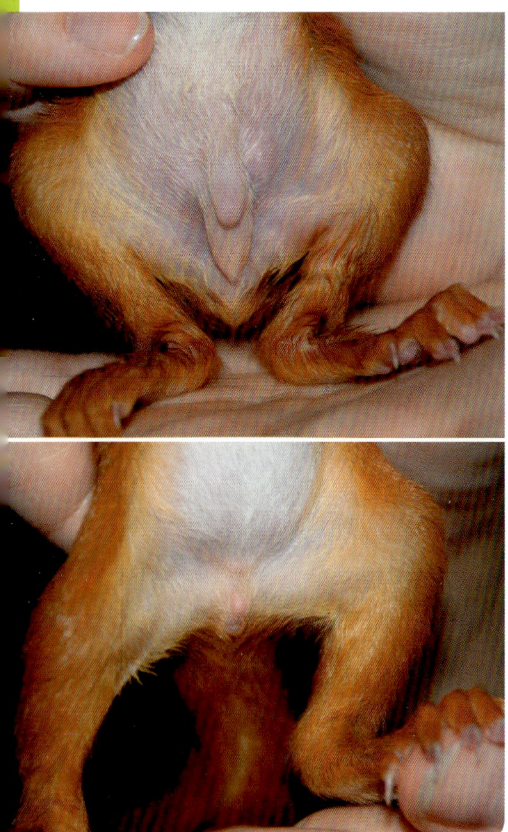

Während der Paarungszeit signalisieren die Weibchen über den Geruch ihre Paarungsbereitschaft und versetzen damit die Eichhörnchenmännchen geradezu in einen Rausch (siehe Kapitel »Die Paarung«). Der feine Geruchssinn hat sicherlich auch einen Einfluss auf den Geschmackssinn der Eichhörchen. Darüber lässt sich in der Literatur wenig finden, es ist aber gut zu beobachten, dass Eichhörnchen sehr eigene Vorlieben beim Futter entwickeln und (in guten Zeiten) auch recht wählerisch sein können.

Eichhörnchen haben als Nagetiere vier scharfe Schneidezähne, mit denen sie hartschalige Nahrung öffnen können. Die Schneidezähne wachsen ein Leben lang nach, und zwar um einen knappen Zentimeter pro Monat. Werden die Schneidezähne nicht durch Nagen kurzgehalten, führt dies zum Tod des Hörnchens. Verwachsene oder überlange Zähne machen einem Hörnchen die Nahrungsaufnahme unmöglich.

Die beiden Unterkieferschneidezähne sind beweglich. Das ist möglich, weil die linke und rechte Unterkieferhälfte mit einem Muskel statt mit einem starren Knochen verbunden sind. Eichhörnchen können diese beiden Zähne V-förmig auseinanderziehen und damit zum Beispiel einen Nusskern durch ein kleines Loch in der Schale fassen und herausbugsieren. Andersherum werden die beiden Unterkieferschneidezähne zu einem spitzen Meißel zusammengelegt, um damit harte Nahrung zu bearbeiten und zu knacken. Neben jedem Schneidezahn ist eine größere Lücke, denn Eichhörnchen haben keine Eckzähne. In jedem Kiefer sitzen drei Backenzähne und ein bis zwei Lückenzähne. Die Lückenzähne befinden sich – wie der Name vermuten lässt – in den Gebisslücken zwischen den Schneide- und Backenzähnen. Insgesamt haben Eichhörnchen 20 bis 22 Zähne. Mit den Schneidezähnen wird die Nahrung abgeschnitten und/oder geöffnet und mit den Backen- und Lückenzähnen zerkleinert.

Die Nahrung von Eichhörnchen besteht zu einem großen Teil aus Baumfrüchten und -samen, Hochenergienahrung, die meistens eher schwer verdaulich ist. Darauf ist die Verdauung der Hörnchen ausgerichtet. Sie haben im Vergleich zu ähnlich großen Säugetieren einen großen Magen und einen langen Darm.

Sie vertragen auch einige Samen und Pilze, die für den Menschen giftig sind. Das Endprodukt der Verdauung sind kleine braune Kügelchen von circa vier Millimeter Durchmesser. Ihr Urin dient auch als Duftmarke zur Revierabgrenzung. Überraschenderweise ist der Ausgang des Verdauungstraktes, der

Den Eichkatern schwellen zur Paarungszeit die Hoden deutlich an (links). Säugende Mütter, wie Paddi und eine Unbekannte, erkennt man an den vergrößerten Zitzen (Mitte, rechts).

Die Hörnchenködel nach unterschiedlicher Futteraufnahme.

After, auch wichtig für die Geschlechtsbestimmung. Zuverlässig lässt sich das Geschlecht eines lebenden Eichhörnchens außerhalb der Paarungszeit nur über den Abstand des Genitals zum After zu bestimmen. Beim Männchen beträgt dieser Abstand circa einen Zentimeter, beim Weibchen liegen Anal- und Genitalöffnung dicht nebeneinander.

In der Fortpflanzungszeit lässt sich das Geschlecht mit etwas Glück auch feststellen, ohne das Eichhörnchen fangen zu müssen. Voraussetzung dafür ist, es aus der Nähe beobachten zu können. Beim Männchen schwellen zur Paarungszeit die Hoden so deutlich an, dass sie mit einem Fernglas oder einem Teleobjektiv ohne Weiteres sichtbar sind, wenn das Eichhörnchen in günstiger Position ruhig sitzt. Noch leichter zu sehen und zu deuten sind die Versuche des Männchens, sich dem Weibchen zu nähern: Man kann davon ausgehen, dass der Verfolger immer das Männchen ist. Die hartnäckigen Annäherungsversuche sind schnell von spielerischen Verfolgungsjagden, kleineren Kabbeleien und Futterstreitigkeiten zu unterscheiden.

Eine Eichkatze hingegen ist nach der Geburt ihrer Kleinen gut zu erkennen, sofern man einen Blick auf ihren Bauch werfen kann. Dem säugenden Weibchen schwellen die acht Zitzen an, so dass sie aus dem weißen Bauchfell hervorstehen.

Durch das tägliche Klettern und Springen sind Eichhörnchen körperlich fit. Man könnte annehmen, dass ihre Ausdauer groß und der Kreislauf stabil ist. Sie haben schließlich den Ruf, unermüdlich zu sein, um fleißig Nüsse zu sammeln.Tatsächlich legen die Hörnchen beachtliche Strecken und Höhenmeter während eines Tages zurück.

Um diese zu bewältigen, brauchen sie regelmäßige Erholungspausen. Ihr Kreislauf kann kurzzeitige Höchstleistungen gut bewältigen. Ihre Ausdauer ist jedoch begrenzt. Dies hängt damit zusammen, dass ein kleines Eichhörnchenherz sehr schnell schlägt, im Mittel ungefähr 300 mal pro Minute. Eichhörnchen sind sehr anfällig für Stresssituationen – müssen sie Stress länger aushalten, rast ihr Herz und es besteht Lebensgefahr für sie.

Eichhörnchen brauchen auch Ruhepausen.

Der Lebensraum

Eichhörnchen sind von Europa quer durch Nordasien bis Japan verbreitet. In Europa sind sie überall zu finden, außer in wenigen Regionen Südeuropas. In Amerika, Afrika und Australien gibt es keine Eichhörnchen. Sie sind ursprünglich Waldbewohner und leben weltweit vorwiegend in Nadelwäldern. Nur in Europa besiedeln sie auch Laub und Mischwälder. Um einen Lebensraum besiedeln zu können, brauchen Eichhörnchen zusammenstehende Bäume, ausreichend Futter, Schutz vor Wettereinflüssen und Feinden sowie andere Eichhörnchen.

Im Lebensraum Wald sind sie auf verlässliche Nahrungsquellen angewiesen. In Mischwäldern ist ein hoher Nadelbaumanteil wichtig, damit Eichhörnchen dort dauerhaft leben können. Nadelbäume liefern den Hörnchen verlässlicher Nahrung als Laubbäume, deren Angebot über die Jahre stark schwanken kann. In manchen Jahren tragen Laubbäume sehr viele Früchte und im darauffolgenden Jahr erbringen sie nur eine geringe oder gar keine Ernte.

Eichhörnchen sind ursprünglich reine Waldbewohner.

Wie wichtig Bäume für ihren Lebensraum sind, zeigt sich auch daran, dass in den Bergen oberhalb der Baumgrenze keine Eichhörnchen leben. Im Wald bewohnen sie sehr große Reviere von mindestens 3 bis hin zu 14 Hektar Fläche. Diese werden auch Streifgebiete genannt. Die Größe der Streifgebiete hängt vom Nahrungsangebot ab. In magereren Jahren müssen die Hörnchen größere Gebiete nach Futter durchsuchen als in fetten Jahren. Die Männchen haben größere Reviere als die Weibchen. Der Grund dafür ist aber nicht, dass sie mehr Nahrung brauchen, sondern ihre unermüdliche Suche nach einem paarungsbereiten Weibchen.

Bäume sind für Eichhörnchen überlebenswichtig.

Die Streifgebiete überlappen sich mit denen anderer Eichhörnchen und werden in der Regel nur schwach gegen Konkurrenten verteidigt. Innerhalb der Reviere gibt es deutlich kleinere Kerngebiete, die intensiver genutzt werden. Der Kernbereich und besonders das Gebiet um das Nest, den Kobel, werden vehementer verteidigt. Ganz besonders, wenn im Kobel hungriger Nachwuchs wartet, versteht eine Eichhörnchenmutter keinen Spaß, sollte ein Nachbar versuchen sich in ihrem Revier sattzufuttern.

In der Stadt erscheint die Situation grundsätzlich anders, ausgehend davon, dass dort das Nahrungsangebot entspannter ist. Die Eichhörnchen sind toleranter untereinander und teilen sich kleinere Reviere. Als Kulturfolger haben sie in den letzten Jahren zunehmend die Städte entdeckt. Dort finden sich günstige Lebensbedingungen, zum Beispiel in Parks, Friedhofsanlagen und in Gebieten mit aneinandergrenzenden Gärten. Eine Grundvoraussetzung, dass sie sich in städtischen Bereichen ansiedeln können, sind zusammenhängende Baumbestände oder wenigstens Baumreihen. Nur so können sie sich oberhalb der von Menschen beanspruchten Flächen ihr eigenes Territorium erobern. Vorteile in der Stadt

Die Streifgebiete der Eichhörnchen können sich überlappen.

sind für Eichhörnchen die Futterlage, deutlich weniger Gefahren durch Feinde und ein gemäßigteres Klima mit einer höheren Durchschnittstemperatur. Besonders die Futterlage ist für sie in der Nähe des Menschen sehr vorteilhaft. In Gärten ist das Angebot an natürlicher Nahrung vielfältiger als im Wald, das Füttern von Eichhörnchen ist bei vielen Menschen beliebt und bei Gelegenheit probieren Hörnchen auch mal etwas aus dem Abfall. Die Nähe zum Menschen bringt natürlich auch neue Gefahren für sie (siehe Kapitel »Feinde und weitere Gefährdungen«).

Eichhörnchen kommen und gehen nach ihren Regeln. Sie wechseln gelegentlich ihr Revier.

Rechte Seite:
Der tägliche Eichhörnchenbesuch kann aus vielen Gründen plötzlich ausbleiben.

Sowohl im Wald als auch in der Stadt sind manchmal viele Eichhörnchen über einen langen Zeitraum hinweg zu beobachten, und auf einmal werden sie nicht mehr gesichtet. Dies kommt häufig vor und ist sozusagen »normal«. Eichhörnchen suchen sich einen neuen Lebensraum, wenn zum Beispiel die Ernährungslage schlecht ist, Feinde oder fortwährende Störungen ihnen das Leben schwer machen. Natürlich sterben auch Tiere aufgrund ihres Alters, an Krankheiten oder durch Unfälle oder weil sie von einem Feind erwischt wurden.

Trotzdem besteht kein Grund, gleich das Schlimmste anzunehmen, wenn die vertrauten Eichhörnchen sich nicht mehr am bekannten Ort aufhalten. Innerhalb weniger Monate können sich die Verhältnisse ändern und die Hörnchen tauchen wieder auf.

Die Behausung

In ihrem Streifgebiet bauen Eichhörnchen mehrere Nester, die Kobel genannt werden. Die Kobel sind Ruheorte und Basisstationen für alle Unternehmungen. In den gut gepolsterten Hauptkobeln ziehen Eichhörnchen ihre Jungen auf. Bei der Standortwahl achten die Hörnchen darauf, dass es ausreichend Fluchtmöglichkeiten gibt und sie Nahrungsquellen in der Nähe erreichen können. Die Kobel erbauen sie meistens in Bäumen, nahe am Stamm und in der Regel höher als 6 Meter über dem Boden. Die Höhe kann stark variieren, von mindestens 3 bis 18 Metern. In Städten werden Kobel auch häufig auf Balkonen, zum Beispiel in Blumenkästen, gebaut.

Eichhörnchen haben bis zu acht Kobel gleichzeitig in Betrieb, die unterschiedlich ausgestattet sind. Der aufwendig konstruierte Hauptkobel besteht aus einer

Linke Seite:
Ein Hauptkobel.

Rechte Seite:
Für den Bau eines Kobels wird tagelang Material gesammelt.

Oben:
Ein Kobel im Querschnitt.
Die Polsterung ist gut zu erkennen.

Kreis:
Ein Kobel in einem Blumenkasten.

Hülle von bis zu hundert Zweigen. Die Eichhörnchen stecken die Zweige unter ständigem Ausprobieren zusammen, ohne sie im eigentlichen Sinne miteinander zu verflechten. Als Ausgangsbasis werden häufig verlassene Nester von Vögeln oder Artgenossen genutzt.

Für den Bau eines neuen Hauptkobels verwenden Eichhörnchen zwei bis fünf Tage, in denen sie ganz auf ihr neues Heim konzentriert sind. Häufig bleiben begonnene Kobelbaustellen allerdings auch unvollendet.

Kobel sind kugelige Gebilde mit einem Außendurchmesser von 20 bis 50 Zentimetern. Innen sind die Hauptkobel mit Moos, Gras, Baumbast oder sonstig verfügbaren, weichen Materialien ausgepolstert. Die Wandstärke kann durch die Auspolsterung bis zu 15 Zentimeter betragen. Deswegen haben die

Kobel nur einen kleinen Innenraum. Durch die dicke Polsterschicht bietet der Kobel einen guten Schutz gegen Wind und Wetter sowie vor Beutegreifern. Die Polsterung ist allerdings auch ein Brutort für Parasiten, wie Eichhörnchenflöhe und -läuse. Nach Abschluss des Baus umstecken die Eichhörnchen ihren Kobel manchmal mit belaubten oder benadelten Zweigen – vermutlich zur Tarnung. Die Kobel sind tatsächlich häufig schwer zu entdecken und fallen meist nur in winterlich kahlen Bäumen auf. Eichhörnchenkobel können auf den ersten Blick auch mit Elsternestern verwechselt werden.

Interessant ist, dass Eichhörnchen sich in Kälteperioden manchmal einen Kobel zum Schlafen teilen – obwohl sie den Rest des Tages als Einzelgänger unterwegs sind und den Kumpanen keine Nuss gönnen. Voraussetzung für die Schlafgemeinschaft ist aber immer, dass sie sich bereits kennen. Es können sich zwei bis vier Tiere einen Kobel teilen. Der Vorteil ist klar: Wenn sich die Eichhörnchen gegenseitig wärmen, fühlen sie sich wohler und verbrauchen auch noch weniger Energie.

Oben: *Bau eines Kobels auf einem Balkon*

Unten: *Hier baut Paddi einen Kobel für ihren Nachwuchs.*

Die einfacheren Kobel, auch Schatten- oder Sommerkobel genannt, nutzen Eichhörnchen hauptsächlich für Ruhepausen während des Tages. Sie sind deutlich schlichter gebaut und häufig gar nicht oder nur spärlich gepolstert. Bei Bedarf, zum Beispiel, wenn im Hauptkobel die Jungen in Gefahr sind oder die Flöhe überhand nehmen, zieht das Hörnchen in einen einfacheren Kobel um und baut ihn zu einem gut gepolstertem Hauptkobel aus.

Das Verhalten

Eichhörnchen sind ausgesprochen tagaktiv. Sie stehen früh bei Sonnenaufgang auf. Die Langschläfer unter ihnen brauchen ein oder zwei Stunden länger, um aus dem Nest zu kommen. Von Frühling bis Herbst ist ihr Tagesablauf ähnlich. Nach einem morgendlichen Aktivitätsgipfel folgt eine Ruhephase um die Mittagsstunden. Eine weitere lebhafte Periode haben sie zwei bis drei Stunden vor Sonnenuntergang. Der Tag endet für die Hörnchen spätestens mit einbrechender Dunkelheit, dann ziehen sie sich in ihre Kobel zurück. Für den Zeitpunkt des Feierabends gibt es sehr individuelle Unterschiede. Im Winter beschränken sich Eichhörnchen auf wenige Stunden, die sie außerhalb des Kobels verbringen.

Eichhörnchen sind Einzelgänger. Nur in der Paarungszeit suchen ausgewachsene Tiere Kontakt zueinander. Außerdem begegnen sich die Hörnchen an Futterplätzen. Hier lässt sich gut beobachten, dass unter ihnen klare Hierarchien bestehen. Wie immer in der Tierwelt, steckt hinter der hierarchischen Konkurrenz die Notwendigkeit, das Revier und damit die Nahrung zu sichern,

Linke Seite:
Ein Besucher in entspannter Wartehaltung.

Rechte Seite:
Wenn es um Nahrung geht, siegt die Hierarchie.

Eichhörnchen – kämpfend wie Boxer.

sowie das Bestreben, sich möglichst häufig fortzupflanzen. Die Größe und das Alter spielen dabei eine wesentliche Rolle. Ausgewachsene Hörnchen dominieren die kleineren Jüngeren und die Männchen in der Regel die Weibchen. Ein noch nicht ausgewachsenes Männchen wird allerdings nicht an einem erwachsenen Weibchen vorbeikommen. Die Stellung innerhalb der Hierarchie ist nicht festgeschrieben. Um mehr Vorrechte wird immer wieder gestritten. Dabei drohen sich die Eichhörnchen untereinander und manchmal wird auch gekämpft.

In der Drohhaltung spannt sich der ganze Körper an. Das Eichhörnchen duckt sich zunächst auf alle Viere, richtet sich dann auf die Hinterbeine auf und hält seine Vorderpfoten wie ein Boxer. Das Rückenfell ist gesträubt, der Schwanz parallel zum Rücken hochgehalten und das aggressive Hörnchen richtet seine Aufmerksamkeit ganz auf sein Gegenüber. Wenn sich dann noch die Augen verengen und das Eichhörnchen die Ohren anlegt, ist es bereit, auf seinen Gegner loszugehen. Meistens kommt es nicht zum Angriff, weil der Bedrohte klein beigibt. Dies zeigt er durch seine unterwürfige, geduckte und entspannte Körperhaltung sowie durch defensives Knurren und quäkende Laute.

Angespannte Haltung: Was ist da hinten los?

Greift ein Eichhörnchen ein anderes an, löst dies meist die Flucht des Angegriffenen aus und eine Verfolgungsjagd beginnt. Dabei muss der Verfolgte auf seinen Schwanz achten, denn der Verfolger versucht ihn dort zu beißen. Die dadurch möglichen Verletzungen können dazu führen, dass ein Teil des Schwanzes verloren geht. Solche Kämpfe sind allerdings selten. Häufiger als bissige Auseinandersetzungen sind Boxkämpfe, bei denen sich konkurrierende Eichhörnchen mit den Vorderpfoten bearbeiten.

Eichhörnchen haben eine Palette von Rufen und Lauten, mit denen sie sich untereinander verständigen. Der Schwanz ist ein weiteres Ausdrucksmittel. Geruchsmarkierungen spielen ebenfalls eine wichtige Rolle, unter anderem, um das Revier abzugrenzen. Die Verständigung durch Laute und Körpersprache ist zu komplex, als dass sie einfach für Menschen zu übersetzen wäre. Ein paar Verhaltensweisen lassen sich allerdings ansatzweise zuordnen – siehe Kasten rechts.

Eichhörnchenwörterbuch – unvollständig

> **Ärger**
Das Eichhörnchen gibt kurze, schnelle Schnalzlaute von sich, dazu klopft es mit den Füßen oder hackt hörbar mit den Krallen in den Ast, auf dem es sitzt. Der aufgerollte Schwanz vibriert. In dieser Kombination sind dies sichere Zeichen, dass das Eichhörnchen aufgeregt ist und sich gestört fühlt. Die Schnalzlaute werden auch häufig »Keckern« genannt.

> **Notlagen**
Ruft das Eichhörnchen mit einem lauten, hohen und durchdringenden Ton, dann befindet es sich in einer Notlage oder hat sogar Todesangst.

> **Kontakt halten**
Jungtiere und Mutter halten unterwegs Kontakt mit leisen, sanften Rufen, die wie »wuck, wuck, wuck ...« klingen. Wenn sich Männchen einem paarungsbereiten Weibchen nähern, rufen sie genauso, wahrscheinlich, um das Weibchen zu beruhigen und es von ihrer Harmlosigkeit zu überzeugen.

> **Alarmruf**
Taucht ein Feind auf, warnen Hörnchen ihre Artgenossen mit hohen, kurzen, schnell aufeinander folgenden Tönen. Dem Angreifer, der meistens auf Überraschung setzt, wird gleichzeitig signalisiert, dass er entdeckt ist.

> **Unsicherheit**
Das Hörnchen wedelt ruckartig mit dem Schwanz von links nach rechts und stampft dazu mit den Pfoten. Dies drückt aus, dass es nicht weiß, wie es sich verhalten soll. Häufig zieht es sich dann zurück.

> **Anspannung**
Der Körper ist gestreckt und geduckt, der Schwanz wird nach oben über den Körper gehalten. Die Anspannung ist deutlich zu erkennen.

Links: *Entspannung.*

Rechts: *Anspannung.*
Eine eindeutig angespannte Situation für das Eichhörnchen. Vorsichtig traut es sich an den verlockenden Kürbiskern heran.

Die Körperpflege

Die Pflege des Fells nimmt einen großen Teil des Eichhörnchenalltags ein. Nach dem Aufwachen reckt und kratzt sich ein Hörnchen erst einmal ausgiebig und putzt sich mit den Vorderpfoten die Schnauze. Abschließend kämmt es den Schwanz mit seinen Krallenfingern gut durch. Die aufwendige Fellpflege ist nötig, damit Parasiten ferngehalten werden. Das Pflegeprogramm findet mehrmals am Tag statt. Nach jeder Pause wird sich gekratzt und geputzt. Besonders nach dem Fressen reinigen sich die Hörnchen grundsätzlich die Schnauze. Das scheint manchmal auch wirklich nötig, wenn das Futter erst einmal ausgebuddelt werden musste …

Eichhörnchen baden nicht freiwillig. Aber wenn sie Parasiten loswerden wollen, wälzen sie sich bei Gelegenheit in vollgesogenem, nassem Moos. Sie betreiben auch aktive Zahnpflege, indem sie Bast von Ästen schälen und diesen wie Zahnseide durch ihre Zähne ziehen.

Linke Seite:
Die tägliche, ausgiebige Fellpflege.

Rechte Seite:
Alles wird gründlich geputzt. Nach dem Ausbuddeln einer Nuss hat die Schnauze es besonders nötig …

Strecken und Aushängen gehört genauso zum täglichen Pflegeprogramm wie das Putzen.

Die Ernährung

Eichhörnchen sind der Inbegriff fleißiger Futtersammler, die ihre Ausbeute an geheimen Orten verstecken. Ihr Futter ist vielfältig, denn sie sind Allesfresser. Der ganz überwiegende Teil ihrer Nahrung setzt sich aus Samen und Baumfrüchten zusammen, wie es sich für einen Waldbewohner gehört. Das Futter, das man mit ihnen sofort in Verbindung bringt, sind Nüsse und Zapfen, von Tannen, Fichten, Kiefern und anderen Nadelbäumen. Bekannte Eichhörnchennahrung sind auch Bucheckern, Eicheln und Esskastanien. Im Herbst legen Eichhörnchen vorsorgend einen Futtervorrat für den Winter an. Ab Oktober sind die Tiere völlig fixiert auf das Einsammeln von Futter. Angeblich sammeln sie für einen Winter bis zu 2500 Nüsse.

Überraschender ist, dass Eichhörnchen auch Pilze lieben. Sie vertragen einige Arten, die für den Menschen nicht bekömmlich oder sogar giftig sind. Eine etwas untergeordnete Rolle im Futterspektrum spielen außerdem Früchte, Beeren und Trauben.

Nüsse gehören bekanntermaßen zur Lieblingsnahrung der Eichhörnchen.

Eichhörnchen müssen trinken, um ihren Flüssigkeitsbedarf zu decken. Die Wasserquellen sind vielfältig. Sie trinken aus Pfützen und Gewässern, lecken Tau von Blättern, nagen Baumrinden auf, um an den Saft darunter zu kommen, und futtern auch Schnee.

Den größten Teil des Tages verwenden Eichhörnchen mit Futtersuche. Sie achten instinktiv darauf, dass der Aufwand für das Sammeln, Bearbeiten und Verdauen von Nahrung in Balance zu der aufgenommenen Energie steht. Das bedeutet, sie nehmen am liebsten das Futter, das sie mit möglichst wenig Aufwand bekommen und verarbeiten können. Gleichzeitig soll es eine hohe Energiedichte haben. Solange ihr Hunger nicht allzu groß ist, können Eichhörnchen sehr wählerisch sein und entwickeln ganz klare und eigene Vorlieben für bestimmtes Futter.

Eichhörnchen müssen trinken. Mit einer Schale Wasser kann man ihnen einen Gefallen tun.

Nüsse weisen ein gutes Energie-/Aufwandverhältnis auf.

Ein sehr gutes Energie-/Aufwandverhältnis weisen im Allgemeinen Nüsse auf, zum Beispiel Hasel-, Wal- und Zirbelnüsse. Bei Zapfen sieht die Bilanz schon nicht mehr ganz so günstig aus. Ein durchschnittlicher Kiefernzapfen (15 Gramm) hat ungefähr genauso viele Kalorien wie eine durchschnittliche Haselnuss (circa 2 Gramm). Der Unterschied besteht darin, dass das Aufknabbern einer Haselnuss für ein erwachsenes Eichhörnchen in nur circa einer halben Minute erledigt ist. Bei Zapfen hingegen muss Schuppen für Schuppen abgebissen oder abgerissen werden, um an die winzigen Samen zu kommen.

Kein Wunder, dass Paddi und Lu grundsätzlich erst die großen Nüsse weggeschleppt haben und die Zapfen links liegen ließen. Auch Sonnenblumenkerne sind bei den Hörnchen deshalb so beliebt, weil sie sehr leicht zu öffnen sind und gleichzeitig einen hohen Fett- und Energiegehalt haben. Zu dieser Strategie, mit möglichst wenig Aufwand möglichst viel Futter zu sich zu nehmen, gehört auch, dass Eichhörnchen eine Art Qualitätskontrolle bei Nüssen durchführen. Bevor die dicken Nussschalen aufgeknabbert werden, drehen sie die Nüsse immer erst in ihren Vorderpfoten, um am Gewicht abzuschätzen, ob überhaupt ein Kern drin ist.

In Zeiten, in denen ihre energiereiche Hauptnahrung nicht zur Verfügung steht, müssen Eichhörnchen auf weniger gehaltvolle, schwerer verdauliche oder auch für einen Nager untypisch erscheinende Nahrung umsteigen. Dies sind zum Beispiel Knospen, Schößlinge, Blüten und Baumrinde. Auch tierisches Futter wird nicht verschmäht: Insekten, Würmer, Schnecken und Raupen sind nicht vor ihnen sicher. Auch Vogeleier gehören zur möglichen Nahrung, sind aber nur eine Ausweichmöglichkeit, wenn die Hörnchen nichts anderes finden. Ob Eichhörnchen Jungvögel fressen, ist umstritten. Berichte, denenzufolge Eichhörnchen mit Jungvögeln im Maul beobachtet wurden, können auch auf eine Verwechslung zurückgehen: Bei den vermeintlichen Jungvögeln kann es sich um nackte Eichhörnchenbabys handeln, die von der Eichhörnchenmutter von einem Kobel in den anderen getragen werden. Wenn überhaupt, werden Vogelgelege nur in Einzelfällen gefressen. Für ein systematisches Ausnehmen von Vogelnestern durch Eichhörnchen gibt es keine wissenschaftlichen Belege.

Die energiereiche Hauptnahrung in Herbst und Winter: Nüsse Zapfen, Kerne.

Der Futterbedarf von Eichhörnchen verändert sich über das Jahr: Im Frühling verputzen sie im Mittel täglich 80 Gramm, im Sommer 55 Gramm, im Herbst 75 Gramm und im Winter nur 35 Gramm Nahrung. Darin spiegeln sich verschiedene Faktoren wider: Im Frühling brauchen sie eine große Menge Nahrung, weil keine energiereichen Samen und Nüsse zur Verfügung stehen. Daher müssen energieärmere Knospen und Triebe herhalten. Davon benötigen sie eine große Menge, um

Eichhörnchen futtern auch gerne Obst, zum Beispiel Weintrauben.

satt zu werden. Zudem werden im Frühjahr die Eichhörnchenbabys geboren und säugende Eichhörnchenmütter haben einen deutlich gesteigerten Energiebedarf.

Auch nagen Hörnchen Rinde von Bäumen ab. Dies hat ihnen den Ruf als Baumschädling eingebracht. Sie machen die Schäden aber mehr als wett, indem sie im Herbst Samen und Nüsse als Vorräte vergraben, von denen sie einen Teil nicht wiederfinden. So tragen Eichhörnchen gleichzeitig zur Aufforstung bei. Im Sommer ist die Versorgung mit gehaltvollen Samen und Früchten besser, daher ist eine geringere Futtermenge ausreichend.

Eicheln sind auch Teil des Futters, aber eher selten.

Kreis:
Nicht alle Vorräte werden wieder ausgegraben. Vergessenes sprießt nun als kleine Pflanze, die zum Baum heranwächst und wieder Nüsse tragen wird.

Linke Seite:
Nüsse werden als Wintervorrat immer nach dem gleichen Ritual verbuddelt.

Im Herbst können Eichhörnchen aus dem Vollen schöpfen; die meisten Baumfrüchte und -samen sind reif. Jetzt futtern sie sich ein bisschen Winterspeck an, um für die kommende, nahrungsarme Zeit vorzusorgen. Besonders im Oktober und November sind Eichhörnchen mit dem Anlegen von Wintervorräten beschäftigt. Ihre Hauptnahrung Nüsse, Bucheckern, Eicheln und Zapfen eignen sich gut für die Lagerung. Die Vorräte werden einzeln vergraben oder versteckt.

Das Vergraben läuft bei allen Eichhörnchen gleich ab. Mit den Vorderpfoten buddeln sie ein Loch, legen den Vorrat hinein, scharren das Loch mit den Vorderpfoten wieder zu, und schließlich stupsen sie die lose Erde mit der Nase fest. Teile der Nahrung werden zur Lagerung auch in Verstecke geschleppt. Das können Baumhöhlen oder -spalten sowie Astgabeln sein, in die sie die Vorräte klemmen. In ihren Kobel nehmen sie nur wenig, kurzfristig benötigtes Futter mit. Eichhörnchen merken sich nicht die einzelnen Verstecke genau, wohl aber das Gebiet und ihr Versteckmuster. Mithilfe ihres sehr guten Geruchssinns und der Erinnerung finden sie die meisten Verstecke wieder. Haselnüsse – die nicht eben für ihren starken Duft bekannt sind – können sie aus 30 Zentimetern Entfernung erschnüffeln.

Der Winter schließlich ist für Eichhörnchen eine harte Zeit, in der es wenig Nahrung gibt. Sie reduzieren ihren Energieverbrauch, indem sie den Kobel nur wenige Stunden verlassen, um Nahrung zu besorgen. Die meiste Zeit des Winters verbringen sie mit Schlafen und Ruhen, in der sogenannten Winterruhe. Die Winterruhe unterscheidet sich deutlich vom Winterschlaf, bei dem die Tiere über lange Zeit in einen Tiefschlaf fallen und dabei die Körpertemperatur, den Herzschlag und die Atmung deutlich absenken. Kurz zusammengefasst: Während der Winterruhe bleiben Eichhörnchen einfach länger im Kobel und gehen nur raus, wenn es wirklich sein muss.

Im Winter sind die Hörnchen auf ihre im Herbst angelegten Vorräte angewiesen. Diese werden manchmal von Vögeln oder anderen Nagern geplündert. Auch Menschen zerstören die Vorräte, zum Beispiel durch das Fällen von Bäumen oder bei der Vorbereitung des Gartens auf den Winter. Damit kann die Lebensgrundlage eines Eichhörnchens vernichtet werden.

Eichhörnchen-fußspuren …

Im Winter erschweren Schnee und Frost die Futtersuche.

Wenn im Winter der Boden zugefroren ist, kommen die Hörnchen an einen großen Teil ihrer Vorräte nicht heran. Es macht also viel Sinn, Eichhörnchen zu füttern, um ihnen über den Winter zu helfen.

Auch die Unterstützung von immer hungrigen Eichhörnchenmüttern im Frühjahr und späten Sommer ist durchaus angebracht. Dabei geht es um ein Zufüttern, denn Eichhörnchen sind eigenständige Wildtiere – ein gesundes Hörnchen ließe sich gar nicht komplett fremdversorgen. Wie man immer wieder beobachten kann, erhalten sie sich ihre Unabhängigkeit, auch wenn sie vom Menschen Futter bekommen.

Eichhörnchen entwickeln ihre eigenen Vorlieben beim Futter. Paddi konnte von Kürbiskernen nicht genug bekommen, so dass wir uns oft fragten, wie die alle in das kleine Hörnchen hineinpassen. Lu interessierten Kürbiskerne gar nicht. Er verfiel stattdessen in einen Rausch, wenn es Sonnenblumenkerne gab.

Unsere beiden Eichhhörnchenbesucher haben keinerlei Interesse an Vogeleiern oder Jungvögeln gezeigt. Als im Sommer Amseln im Blumenkasten auf dem Balkon unter uns brüteten, mussten Lu und Paddi am Amselnest vorbei, um zu uns zu gelangen. Die Amseln waren in heller Aufregung und flatterten wild um die Eichhörnchen herum. Paddi und Lu waren unbeeindruckt vom Gehabe der Vögel, aber auch völlig uninteressiert am Nestinhalt. Sie hätten die Gelegenheit gehabt, ein Ei zu stehlen, haben es aber nicht einmal ansatzweise versucht. Vermutlich deshalb, weil sie keine Futtersorgen hatten. Möglicherweise begünstigt eine gute Futterversorgung ein friedliches Nebeneinander von Vögeln und Eichhörnchen im selben Garten.

Möhren, Nüsse, Äpfel ...
Jedes Eichhörnchen hat eigene Vorlieben beim Futter.
Lu war immer ganz wild auf Sonnenblumenkerne (unten links).

Woraus soll Eichhörnchenfutter bestehen?

Das Futter sollte natürlich artgerecht sein. Dazu gehören:

- Nüsse und Körner: Zum Beispiel Haselnüsse, Baumhasel, Walnüsse und Zirbelnüsse, Bucheckern, Sonnenblumen- und Kürbiskerne, Maronen und Eicheln, letztere werden aber eher selten genommen.
- Auch Gemüse ist Teil von gesundem Futter: Zum Beispiel Karotten, Tomaten, Gurke und getrocknete Maiskörner.
- Außerdem Obst: Apfel, Birne, Weintrauben, Kirschen und andere heimische Obstsorten. Rosinen aus dem Vogelfutter sind auch sehr beliebt.
- Beim Bereitstellen des Futters sollte man darauf achten, dass es trocken bleibt und so gegen Verderben und Schimmel geschützt ist.
- Schneiden Sie Obst und Gemüse in kleine Stücke, da die Hörnchen gerne auch mal Vorrat mitnehmen. Ein ganzer, großer Apfel ist für ein Eichhörnchen schwer zu tragen – und er beeinflusst auch die Flugbahn des Hörnchens ungünstig, wenn es versucht mit ihm im Maul zum nächsten Zweig zu springen …
- Frisches Wasser ist auch wichtig.

Eine Eichhörnchenfutterstation.

Apfel ist ein beliebtes Eichhörnchenfutter. Statt die ganze Frucht anzubieten, sollte man ihn in kleine Stücke schneiden.

Es werden viele verschiedene Futterhäuser angeboten. Beim Kaufen oder Bauen sollten Sie auf ein paar Dinge achten, damit die Hörnchen nicht Schaden nehmen und das Futterhäuschen seinen gewünschten Zweck erfüllt:

- Verwendung giftfreier Materialien: Kesseldruckimprägniertes Holz ist zum Beispiel nicht geeignet.
- Die Frontscheibe aus Plexiglas muss abgesenkt sein. Schließt die Oberkante mit dem Deckel ab, kann es zu tödlichen Unfällen kommen, wenn ein Eichhörnchen auf den Deckel springt, während ein anderes gerade seine Nase ins Futter steckt.
- Belüftung: Kanten und Ecken sollen nicht abgedichtet sein, andernfalls könnte entstehender Schimmel das Futter und Futterhaus unbrauchbar machen.
- Der Deckel muss sehr leicht und leichtgängig sein.

Was nicht ins Futter gehört

- Exotische Nüsse, wie Paranüsse, sollten gemieden werden, da sie als nicht heimische Art einen sehr langen Transportweg hinter sich haben und dadurch immer von Schimmelbefall bedroht sind. Schimmel ist für Eichhörnchen genauso ungesund wie für Menschen. Manche Schimmelarten können sogar tödlich für Hörnchen sein. Erdnüsse sind in kleinen Mengen nicht schädlich, in größeren Mengen können sie aber unverträglich sein. Problematisch sind Erdnüsse besonders, wenn sie als Vorrat versteckt werden, da sie schnell schimmeln.

- Bieten Sie Nüsse, wie Hasel- oder Walnusskerne, geschält nur sparsam an, denn das Aufnagen der Schalen ist wichtig, damit die ständig nachwachsenden Nagezähne abgenutzt werden. Ein wenig Vorsicht ist geboten bei selbstgeernteten Walnüssen, die häufig innen verschimmelt sind, wenn sie nicht richtig getrocknet wurden.

- Mandeln sollten nicht auf den Speiseplan, weil unter ihnen möglicherweise bittere sein könten. Diese wirken giftig auf Eichhörnchen.

- Auf keinen Fall darf man Eichhörnchen Kuhmilch anbieten, denn die verursacht bei ihnen schweren Durchfall. Auch Brot ist kein geeignetes Futter für Eichhörnchen. Selbstverständlich gehören zuckersüße Nuss-Nougat-Cremes und Ähnliches nicht zum Eichhörnchenfutter.

Statt exotischer Nüsse oder gar Brot sollten beispielsweise Möhren oder Weintrauben gefüttert werden.

Wie knackt ein Eichhörnchen eine Nuss?

Mancher Mensch, ausgerüstet mit einem Nussknacker, hat Probleme, eine Hasel- oder Walnuss zu öffnen. Wie schafft das also ein kleines Eichhörnchen?

> Eine Haselnuss wird in den Vorderpfoten so gehalten, dass die Spitze nach oben zeigt. Mit den Schneidezähnen wird ein Loch in die Nuss genagt, bis die unteren beiden hineinpassen. Das Eichhörnchen presst seine beweglichen Schneidezähne auseinander und sprengt so die Schale. Ob die Muskeln der Schneidezähne kräftig genug sind, um eine Nuss zu sprengen, bezweifeln manche Forscher. Sie vermuten, dass die Hörnchen die Zähne als Hebel benutzen, um die Schale aufzubrechen.

> Walnüsse werden stets an der Naht aufgenagt und mit den Schneidezähnen aufgehebelt.

> Die Hörnchen lernen das Nussöffnen schon im Alter von zwei Monaten. Dauert das Aufnagen bei den ersten Nüssen bis zu 15 Minuten, geht es später rasant in etwa einer halben Minute.

Große Bilder: *Paddi liebte Walnüsse!*

Unten: *Lu versuchte häufig mehrere Teile auf einmal abzutransportieren – Cherrytomate mit Nuss klappte nicht …*

Die Sonnenblumenkerne waren so beliebt, dass sie bis zum letzten Krümel aus den Futterschalen geleckt wurden.

Die Bewegung

Eichhörnchen kennt man kletternd und springend, mit unglaublicher Geschwindigkeit spiralförmig um Baumstämme herum und durch das Geäst flitzend. Halsbrecherische Verfolgungsjagden untereinander und akrobatische Turnereien vollbringen sie ganz selbstverständlich und leicht. Sie sind bestens angepasst an das Leben in den Bäumen, kommen so an ihre Nahrung und können bei Gefahr ihren Feinden über die Bäume entkommen. Eichhörnchen haben den Ruf, ruhelos zu sein, das stimmt so aber nicht ganz. Auf wilde Klettereien folgen regelmäßige Erholungspausen.

Eichhörnchen sind Kletter- und Springweltmeister.

Auch am Boden bewegen sie sich elegant mit grazilen Sprüngen. Laufend sind Eichhörnchen nur auf sehr kurzen Distanzen unterwegs, zum Beispiel, an einer Futterstelle. Eichhörnchen sind Sohlengänger, das heißt, sie setzen die ganze Fußsohle auf – so wie das zum Beispiel auch Menschen und Bären tun. Diese Eigenschaft trägt dazu bei, dass viele ihrer Bewegungen menschenähnlich wirken.

Die dritte Disziplin im Eichhörnchen-Triathlon ist wesentlich seltener zu beobachten: Eichhörnchen können auch schwimmen.

Klettern

Was das Klettern angeht, macht niemand einem Eichhörnchen so einfach etwas vor. Dies ist ihre Stärke, denn ihr leichter Körperbau und vor allem ihre Pfoten sind perfekt angepasst, um mühelos an Baumstämmen herauf- und auf Bäumen herumzuklettern. Ihre Pfoten und bekrallten Zehen sind so beweglich, dass sie sich mit zwei Zehen oben und mit zweien unten in die Rinde einhaken können. So finden sie bei jedem Schritt einen stabilen Halt. Dabei macht es für Eichhörnchen keinen Unterschied, ob sie mit dem Kopf nach oben oder nach unten klettern, beides geht gleich gut.

Beim Klettern und Springen macht den Eichhörnchen niemand so schnell etwas vor.

Beim Klettern helfen ihnen auch ihre Tasthaare (Vibrissen), die seitlich am Körper, an den Gliedmaßen und als Barthaare wachsen. Mit den Tasthaaren nehmen sie zusätzlich ihre Umgebung wahr und orientieren sich in Ästen und Zweigen, ohne hinsehen zu müssen.

Eichhörnchen klettern nicht nur an Baumstämmen und auf rauen Oberflächen fantastisch, auch auf weniger griffigen Flächen, wie Backsteinwänden, kommen sie gut zurecht. Selbst auf glatten Metallrohren und Metallgeländern klettern sie sicher. Voraussetzung ist, dass sie diese zumindest teilweise umfassen können. Das Festhaken mit den Krallen funktioniert auf harten, glatten Flächen nicht. Stattdessen pressen sie ihre Pfoten fest an die glatte Unterlage und schieben sich vorwärts, indem sie sich abwechselnd mit beiden Hinter- und Vorderpfoten abdrücken.

Ihr geringes Körpergewicht ermöglicht Eichhörnchen, auch in dünneres Geäst vorzudringen, um dort Nahrung zu ernten. Auf dünnen Ästen balancierend zeigen sie einen sehr guten Gleichgewichtssinn. Ihr Schwanz ist dabei eine wichtige Balancierhilfe.

Springen

Die gewaltigen Sprünge können Eichhörnchen dank ihrer kräftigen Hinterläufe vollbringen. Die Angaben, wie weit Eichhörnchen springen können, variieren sehr. Je nachdem, ob sich Absprung und Landung auf gleicher oder auf unterschiedlicher Höhe befinden, liegen die Weiten zwischen zwei und fünf Metern. Aber selbst zwei Meter bedeuten schon mehr als das Fünffache ihrer Körperlänge – und das aus dem Stand.

Bei allen Sprüngen ist die Zielsicherheit erstaunlich. Stürze kommen vor, sind aber selten und werden meist gut überstanden, auch weil sie häufig durch Zweige und das Unterholz abgefedert werden. Aber bei solchen Unfällen kann es auch zu Knochenbrüchen kommen. Ein derart verletztes Tier hat in der Natur fast keine Überlebenschancen.

In den Bäumen ist Springen die effizienteste Fortbewegung und erspart Eichhörnchen größere Wegstrecken. Sie vermeiden es auch, zu viel Weg am Boden zurückzulegen. Dort fühlen sie sich nicht so wohl wie in den Bäumen, weil sie zu ebener Erde vielen Feinden in punkto Schnelligkeit unterlegen sind. Deshalb unterbrechen sie ihren Weg am Boden auch alle paar Meter, um die Sicherheitslage mit einem Blick in die Runde zu überprüfen. Auf dem Boden sind Eichhörnchen trotzdem vergleichsweise flink: Für kurze Zeit erreichen sie auf flacher Strecke eine Geschwindigkeit von bis zu 26 Stundenkilometern.

Dank ihrer Kletterkünste und Sprungkraft kamen Lu und Paddi mühelos auf unseren Balkon.

Schwimmen

Eichhörnchen gehen nicht freiwillig ins Wasser. Sind sie jedoch gezwungen, ein Gewässer zu überqueren, tun sie dies schwimmend. Dabei halten sie den Kopf über Wasser. Schwimmen ist erschöpfend für Eichhörnchen. Lange Strecken können sie nicht bewältigen, denn ihre Kondition ist eher auf kurzfristige Anstrengung ausgelegt. Beim Schwimmen setzt ihnen auch die Auskühlung durch das Wasser zu.

Eine Beschreibung im »Allgemeinen Thierbuch«[1] aus dem Jahre 1669, in der »Aychhörnlein« auf kleinen Astflößen Gewässer überqueren und dabei ihre Schwänze als Segel in den Wind setzen, gehört allerdings wohl in das Reich der Märchen. Ursprünglich wurden vermutlich Eichhörnchen beobachtet, die erschöpft vom Schwimmen zum Ausruhen auf Treibgut geklettert waren.

[1] Conrad Gesner, Allgemeines Thierbuch, Frankfurt/M. 1669.

> Die Paarung

> Das Aufwachsen der Jungtiere

Die Paarung

Erwachsene Eichkatzen und Eichkater interessieren sich nur während der Paarungszeit füreinander. Den Rest des Jahres leben sie als Einzelgänger. Dass es überhaupt zur Paarung kommt, setzt voraus, dass das Eichhörnchenweibchen brünftig wird. Dafür benötigt es gute äußere Bedingungen: ein Revier, ausreichend Nahrung und einen Kobel. Ein Eichhörnchenweibchen muss außerdem ein Mindestgewicht und eine gute Kondition haben, sonst wird es nicht empfängnisbereit.

Die Paarungszeit beginnt im Winter. Bei milder Witterung und günstiger Ernährungssituation geht es schon im Dezember los, sonst üblicherweise im Januar. Ein lebhaftes Spektakel sind die Paarungsjagden, die zwingend zum Ablauf der Paarung gehören. Die Paarungszeit endet im Spätsommer.

Üblicherweise geht der eigentlichen Paarung eine schrittweise Annäherung über einen Zeitraum von einigen Tagen bis Wochen voraus. Stück für Stück nähern sich Männchen und Weibchen einander an: Langsam verliert das Weibchen die Scheu vor dem Männchen. Sie beschnuppern sich gegenseitig

Die Paarungszeit beginnt. Die Eichkater interessieren sich nun sehr für die Eichkatzen ...

und verbringen viel Zeit zusammen, eventuell schlafen sie sogar gemeinsam in einem Kobel. Ist das Weibchen schließlich empfängnisbereit, beginnt die heiße Phase: Männliche Eichhörnchen riechen die Duftmarken empfängnisbereiter Weibchen über eine Entfernung von 1,5 Kilometern hinweg. Durch den Geruch werden oft mehrere Männchen gleichzeitig angelockt. Deren auffälliges Werbeverhalten kann wiederum weitere Männchen anziehen. Die erregten Männchen verfolgen das Weibchen und sind bestrebt, es zu beeindrucken. Immer wieder versuchen sie, dem Weibchen nahezukommen.

Auch wenn die Männchen in der Überzahl sind, bestimmt immer das Weibchen, was passiert. Bei den Jagden durch die Baumkronen ist die Eichkatze nicht wirklich auf der Flucht – sie lässt sich eher erst einmal bitten. Der Ritualcharakter zeigt sich daran, dass sie auch schon mal auf den Verfolger wartet oder ihm gar entgegenläuft. Diese Jagden sind offenbar notwendig, damit das Weibchen zur eigentlichen Paarung bereit wird. Das Paarungsritual wirkt so, als ob sich die Männchen dem Weibchen als passender, kräftiger und ausdauernder Vater empfehlen müssen.

Wilde Verfolgungsjagden durch die Bäume gehören fest zum Paarungsritual.

Rechte Seite:
Kreis: Das Männchen wird vom unwiderstehlichen Geruch des empfängnisbereiten Weibchens angezogen.

Großes Foto:
Schließlich kommt es zur Paarung.

Bis das Weibchen zur Begattung bereit ist, kann es ein Weilchen dauern. Die Werbung dauert Stunden oder manchmal sogar Tage. Das Weibchen läuft rasend schnell spiralförmig um Baumstämme, springt von Baumkrone zu Baumkrone, und die Männchen immer hinterher. Wird es eingeholt, wehrt das Weibchen die Männchen zunächst ab. Die lassen aber nicht locker und versuchen es immer wieder. Während dieser Verfolgungen imitieren die Männchen die Laute von Jungtieren und rufen immer wieder leise »wuck-wuck«. Dies beschwichtigt das Weibchen und vermindert seine Angriffslust.

Auch in den Pausen der wilden Jagden bemühen sich die Männchen, das Weibchen zu beeindrucken: Sie zeigen sich dem Weibchen von der Seite und legen ihren aufgebauschten Puschelschwanz ganz langsam auf den

Rücken, um größer zu erscheinen. Auch halten die Männchen bei der Verfolgung häufig inne, um lautstark an Ästen und Ähnlichem zu nagen. Eine Variante ist das Imponierlaufen, bei dem der Eichkater kräftig und gut hörbar an Baumrinden kratzt, dazu laut schnalzt und mit dem nach hinten gestreckten Schwanz ruckartig wedelt. Wird ein Weibchen von mehreren Männchen umworben, jagen diese sich auch untereinander und zeigen Drohgebärden, zum Beispiel wetzen sie ihre Zähne, um ihren Anspruch klarzumachen.

Letztendlich wird die Regie durch die Eichkatze bestimmt. Immer wieder beginnen die wilden Paarungsjagden, und langsam weicht ihre Sprödigkeit. Zu Beginn wurde jedes Männchen

Oben:
Die Paarung.
Unten:
Eichhörnchenweibchen erwarten bald Nachwuchs.

In der Regel trennt sich das Paar kurz vor der Geburt des Nachwuchses.

entschieden vertrieben, nun darf einer schon mal versuchen, auf ihren Rücken zu klettern, wird aber zunächst doch wieder abgeschüttelt. Schließlich ist sie so weit und lässt sich vom Männchen begatten.

Mit der Paarung ist die Beziehung der Eichhörnchen manchmal schon wieder beendet. Manche Paare trennen sich bereits am nächsten Tag. Häufiger jedoch bleiben die beiden ein paar Wochen zusammen, bauen den Kobel für den Nachwuchs und schlafen gemeinsam darin. Die Zweisamkeit endet meistens, bevor der Nachwuchs zur Welt kommt. In der Regel vertreibt das Weibchen das Männchen spätestens kurz vor der Geburt. Bei Stadt-Eichhörnchen kann man beobachten, dass das Paar über die Geburt hinaus Zeit zusammen verbringt.

Die Tragezeit beträgt 36 bis 44 Tage. Den Nachwuchs zieht das Eichhörnchenweibchen alleine groß. Das Männchen unterstützt das Weibchen nicht bei der Versorgung der Jungtiere. Bei günstigen Lebensbedingungen bringt das Eichhörnchenweibchen noch einen zweiten Wurf im Sommer desselben Jahres zur Welt. Sogar ein dritter Wurf ist möglich, wenn die erste Paarung schon frühzeitig im Dezember stattgefunden hat. Dazu muss das Weibchen eine gute Konstitution besitzen und eine erfahrene Mutter sein. Dreimal Nachwuchs in einem Jahr ist bei Eichhörnchen aber selten. Die letzten Babys des Jahres werden Ende September/Anfang Oktober geboren.

Das Aufwachsen der Jungtiere

Ende Januar – in der kältesten Zeit des Jahres – werden die ersten Eichhörnchenbabys geboren. Ihre Zartheit steht im starken Widerspruch zu den rauen Bedingungen außerhalb des Kobels. Die zwei bis sieben Neugeborenen, kaum größer als ein Daumen, sind mit circa 8 bis 15 Gramm federleicht. Das Geburtsgewicht hängt von der Anzahl der Neugeborenen ab sowie vom Ernährungs- und Gesundheitszustand der Mutter. Bei ihrer Geburt sind sie nackt, blind, der Gehörgang ist geschlossen und die Ohren haften fest am Kopf. Die Babys haben jetzt nur circa zwei bis drei Prozent des Gewichts, das sie als Erwachsene auf die Waage bringen werden. Bis zu ihrer zehnten Lebenswoche sind die Jungtiere vollständig abhängig von ihrer Mutter.

Die Entwicklung der Jungtiere geht rasant voran. Schon nach der ersten Lebenswoche erscheint der erste Haarflaum, zunächst an der Nase, dann wächst er abwärts über Kopf und Rücken bis zum Schwanz. An der Hautfarbe der Babys lässt sich schon erkennen, welche Farbe ihr Fell haben wird. Auf rosa Haut wird rotes oder braunes Fell wachsen, die Babys die jetzt grau wirken, werden schwarzes Fell entwickeln. Gleichzeitig wachsen die Tasthaare

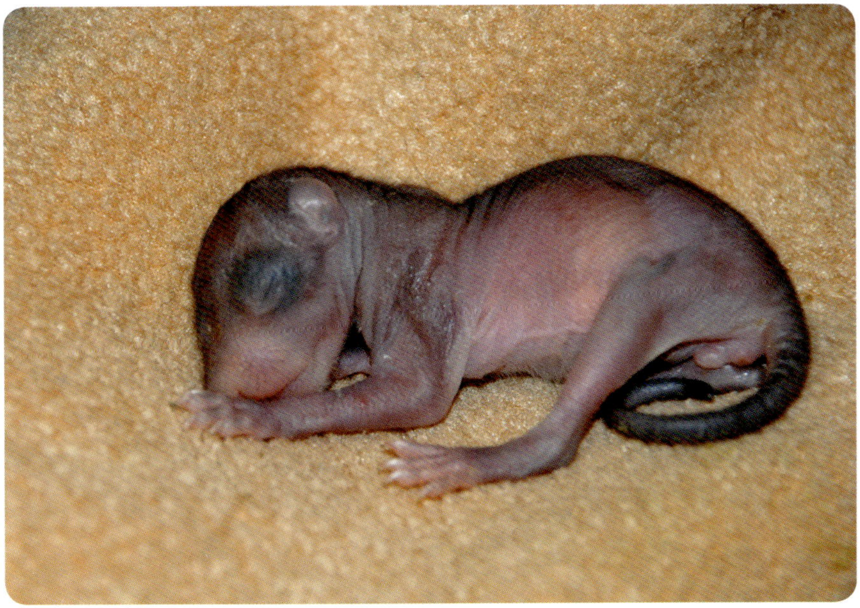

Linke Seite:
Ein circa elf Wochen altes Eichhörnchen.

Rechte Seite:
Das noch nackte Eichhörnchen ist erst zehn Tage alt.

Junge Eichhörnchen beim Erkunden ihrer Umwelt.

(Vibrissen) im Gesicht und an den Beinen. Sie ermöglichen den noch blinden Babys schon jetzt eine räumliche Wahrnehmung. Mit den Tasthaaren nehmen die Eichhörnchen kleinste Luftbewegungen und Erschütterungen wahr: So dienen die Tasthaare zur Orientierung und als Sensor für Gefahren.

Nach knapp zwei Wochen haben die Jungtiere am ganzen Körper kurzes Fell, durch das die Haut noch hindurchschimmert. Sie fangen an, ihre Umgebung zu beschnuppern. In der dritten und vierten Woche brechen die Schneidezähne durch, es öffnen sich die Gehörgänge, die Ohrmuscheln stellen sich auf und die Kleinen können hören. Sie sind bereits ab ihrem zweiten Lebenstag in der Lage, selbst Laute von sich geben, tun dies aber nur in Notsituationen. Sie rufen dann mit einem lauten, hohen Quietschen. Jede Lautäußerung wird normalerweise vermieden, weil die Jungtiere als Nesthocker in ihren ersten Lebenswochen still und unauffällig bleiben müssen, um nicht Opfer von Beutegreifern zu werden. Aus diesem Grund sind Kobel mit Jungtieren schwer zu entdecken. Wegen des Sichtschutzes werden die Kobel bevorzugt in Fichten, Tannen oder hohen Koniferen gebaut. Die im Winter kahlen Laubbäume kommen nur in Betracht, wenn sie durch Efeu oder andere Rankpflanzen Deckung bieten. Der Kobel wird immer so angelegt, dass ihn Raubvögel nicht direkt anfliegen können. In der Nähe hat die Eichhörnchen-

Als Geschwister verbringen Eichhörnchen viel Zeit zusammen …

mutter einen Reservekobel gebaut, den sie bei Bedarf nur noch mit frischem Material polstern muss. So kann das Muttertier sehr schnell mit den Jungen umziehen, falls Gefahr droht. Zum Umziehen hält sie jeweils ein Kleines im Nacken oder am seitlichen Hals mit einem zarten, aber sicheren Biss. Das Jungtier umklammert reflexartig den Hals und den Brustbereich der Mutter. So sitzt es absolut sicher und fest für den Transport. Als weitere Vorsichtsmaßnahme nimmt die Eichhörnchenmutter häufig Umwege, wenn sie zu ihrem Nachwuchs zurückkehrt, um die Kinderstube vor Feinden geheim zu halten.

Bis die Eichhörnchenbabys ihre Augen öffnen, ist ein Monat vergangen. Zu diesem Zeitpunkt haben sie ihr Geburtsgewicht schon verfünffacht. Im ersten Monat umsorgt die Mutter ihre Jungtiere sehr intensiv. Anfangs werden sie alle zwei bis drei, später alle drei bis fünf Stunden gesäugt. Auch zwischen den Mahlzeiten hat das Muttertier viel zu tun. Lebenswichtig ist, dass es die Jungtiere wärmt. Außerdem leckt es die Kleinen regelmäßig sauber. Dies dient einerseits der Reinlichkeit. Das Ablecken von Bauch und Genitalien löst außerdem das Harnlassen aus, was Eichhörnchenbabys ohne diese Stimulation noch nicht können. Ist der Nachwuchs versorgt, geht die Mutter auf Nahrungssuche. Da sie ihre Kinderschar mitversorgt, ist ihr Hunger entsprechend groß.

… und sind neugierig auf alles Neue.

Sobald die kleinen Eichhörnchen ihre Augen geöffnet haben, werden sie auch schon mobil. Ab ihrem zweiten Lebensmonat erkunden sie das Nest und schauen das erste Mal vorsichtig aus der Kobelöffnung heraus. Es wird lebhafter im Kobel und sofort finden die ersten Balgereien statt. Auch die Mutter muss als Spielobjekt herhalten und lässt dies geduldig geschehen. Nach nur sechs Wochen krabbeln die Jungtiere das erste Mal aus dem Kobel. Sind es zunächst nur ein paar Zentimeter, die sie sich vom Nest entfernen, werden die Strecken recht bald länger. Nachdem sie weitere ein, zwei Wochen in der unmittelbaren Nähe des Kobels das Klettern geübt haben, gehen sie jetzt mit der Mutter auf die ersten Erkundungstouren. Die Kleinen lernen vom Muttertier alle überlebenswichtigen Dinge der Eichhörnchenwelt: Futter finden, Fressbares von Ungenießbarem unterscheiden, Nüsse knacken, Klettern, Springen, Gefahren erkennen … All diese Fähigkeiten sind von Geburt an angelegt und werden durch das Nachahmen der Mutter entwickelt.

In der Familie lernen die Jungtiere spielerisch die Regeln der Eichhörnchenwelt.

Ab der zehnten Woche endet allmählich die Entwicklungsphase, die von der intensiven Fürsorge der Mutter geprägt ist. Die Jungtiere werden zunehmend selbstständiger. Insgesamt bleibt die Familie ungefähr vier bis fünf Monate zusammen. Sobald der Nachwuchs selbst für sich sorgen kann, zieht sich das Muttertier zurück. Sie überlässt den Jungtieren den Kobel. Nun ist sie wieder bereit für einen neuen Partner.

Die Jungen sind jetzt auf sich allein gestellt. Mit kaum gebremster Neugier erkunden sie die Welt. Das birgt viele Gefahren, auf die sie sich erst noch einstellen müssen. Nicht allen jungen Eichhörnchen gelingt das, nur ein Viertel der Jungtiere erlebt seinen ersten Geburtstag. Eichhörnchen können bis zu zehn Jahre alt werden. In freier Wildbahn beträgt die durchschnittliche Lebenserwartung nur ungefähr drei Jahre. Als Einstieg in das selbstständige Leben erobern die kleinen Hörnchen ihr eigenes Revier. Nach etwa zehn Monaten sind sie selbst geschlechtsreif und beginnen, ihre eigene Familie zu gründen.

Eichhörnchenprobleme

- > *Flöhe, Milben: Parasiten*
- > *Feinde und weitere Gefährdungen*
- > *Der Einfluss von Mensch und Zivilisation*
- > *Eichhörnchenwaisen*
- > *Verletzte Eichhörnchen*
- > *Das Problem Grauhörnchen*
- > *Schäden durch Eichhörnchen*

Flöhe, Milben: Parasiten

Wie alle Wildtiere, werden auch Eichhörnchen von Flöhen, Milben und anderen Parasiten geplagt. Eichhörnchenflöhe begleiten die Hörnchen fast ständig. Diese Spezies hat sich auf Eichhörnchen spezialisiert und geht nicht auf Menschen über. Auch Haustiere werden nur gelegentlich als Wirt von diesen Eichhörnchenflöhen genutzt, wenn sie kein Hörnchen zum Blutsaugen finden.

Flöhe bedeuten in der Regel keine Bedrohung für gesunde, erwachsene Eichhörnchen. Die Bisse jucken und lösen Kratzen aus, durch die regelmäßige Fellpflege halten gesunde Hörnchen den Befall jedoch klein. Flöhe entwickeln sich erst zum Problem, wenn sie überhand nehmen. Durch starken Flohbefall können bereits geschwächte Eichhörnchen regelrecht ausgesaugt werden und schließlich an Blutarmut zugrunde gehen. Stark verflohte Jungtiere werden in ihrer Entwicklung empfindlich gehemmt.

Ein starker Flohbefall entsteht in der Regel im Kobel. Dort finden die Flöhe beste Bedingungen zur Vermehrung. Haben sich übermäßig viele Flöhe im

Wenn es heftig juckt, können Parasiten die Ursache sein.

Nistkästen sollten regelmäßig von Menschenhand gereinigt werden, um den Flohbefall darin klein zu halten.

Rechte Seite:
Bei starkem Milbenbefall entstehen Wunden durch ständiges Kratzen, diese können Eichhörnchen schwächen.

Kobel eingenistet, ist dies sehr häufig ein Grund für Eichhörnchen, in einen anderen Kobel umzuziehen, der mit frischem, unverflohten Nistmaterial ausgepolstert wird. Auch Nistkästen können zum großen Flohproblem werden. Sie unterstützen die Eichhörnchen, einen passenden Nistplatz zu finden, und werden von ihnen meistens dankbar angenommen. Flöhe fühlen sich darin leider auch besonders wohl. Natürliche Kobel halten normalerweise ein bis maximal zwei Jahre. Ein Nistkasten wird viel länger genutzt, ist vollständig abgeschlossen und bietet den Flöhen perfekte Vermehrungsbedingungen. Nistkästen müssen daher unbedingt regelmäßig gereinigt/entfloht werden, da ohne menschliches Eingreifen die Flohpopulation durch die längere Nutzungsdauer explodieren kann. Dies sollte natürlich außerhalb der Aufzuchtzeit der Jungtiere geschehen, idealerweise, wenn der Kasten unbewohnt ist. Vorsicht ist bei der Wahl des Entflohungsmittels geboten. Mit handelsüblichen Entflohungsmitteln für Haustiere vergiftet man Eichhörnchen. Eichhörnchenauffangstationen beraten, wie richtig vorzugehen ist.

Weitere Quälgeister für Eichhörnchen können Milben sein. Milben sind mikroskopisch kleine Spinnentiere, die sich im Fell von Eichhörnchen einnisten. Ein geringer Befall ist normal und wird von den Hörnchen gar nicht wahrgenommen. Ein starker Milbenbefall kann, wie bei den Flöhen, vom Kobel ausgehen. Nehmen die Milben überhand, verspürt das Eichhörnchen einen starken Juckreiz an den befallenen Stellen. Das Jucken wird ausgelöst durch die Ausscheidungen der Milben. Außerdem bohren sie Löcher in die Haut der Hörnchen, um ihre Eier abzulegen. Das dadurch ausgelöste übermäßige Kratzen verursacht häufig Wunden, die weitere Infektionen nach sich ziehen können. So kann das Hörnchen durch Milben ernsthaft krank werden. Die regelmäßige Fellpflege schützt Eichhörnchen normalerweise vor starkem Milbenbefall.

Feinde und weitere Gefährdungen

Eichhörnchen leben gefährlich. Das meint aber nicht ihre waghalsigen Klettertouren und halsbrecherischen Sprünge. Sie leben in ständiger Bedrohung durch Fressfeinde, unzureichende Futterversorgung und nicht zuletzt durch menschengemachte Gefährdungen.

Erwachsene Eichhörnchen können Ihren Feinden gut entkommen. Gefährdet sind vor allem die unerfahrenen Jungtiere. Nur eines von vier oder fünf Eichhörnchen überlebt sein erstes Lebensjahr. Die bedeutendsten Feinde sind Greifvögel und Marder. Aber auch für diese sind Eichhörnchen meistens nur Gelegenheitsbeute. Andere Räuber, wie Füchse, Luchse, Wild- und Hauskatzen sowie Hunde stellen ihnen ebenfalls nach. Eichhörnchen sind eine flinke, unbequeme Beute und stehen daher bei diesen Tieren nur gelegentlich auf dem Speiseplan.

Die häufigste vorzeitige Todesursache für im Wald lebende Eichhörnchen ist allerdings das Verhungern. Dies zeigt die starke Abhängigkeit von der verlässlichen Nahrungsverfügbarkeit in ihrem Revier. Eine bedeutende Gefahr stellen außerdem der Mensch und die Zvilisation dar.

Linke Seite:
Der Mäusebussard kann nur jungen, unaufmerksamen oder geschwächten Eichhörnchen gefährlich werden.

Rechte Seite:
Im Winter haben Eichhörnchen es schwer: Es gibt wenig natürliches Futter und im gefrorenen Boden kommen sie nicht an ihre Vorräte heran.

Greifvögel und Uhus

Der Habicht ist der gefährlichste Feind der Eichhörnchen.

Der gefährlichste Feind der Eichhörnchen ist der Habicht. Er und der Uhu sind die einzigen Tiere, für die Eichhörnchen einen bedeutenden Teil der Nahrung ausmachen können und die regelmäßig auch erwachsene Tiere erbeuten. Da der Uhu sehr selten ist, stellt er insgesamt keine große Bedrohung für Eichhörnchen dar. Fast alle Greifvögel, wie zum Beispiel Mäusebussard, Sperber, Falke, Milan, aber auch Krähen und Elstern, jagen bei Gelegenheit Jungtiere. Bei keinem dieser Vögel sind Eichhörnchen jedoch ein fester, bedeutender Bestandteil der Nahrung.

Eichhörnchen sind sehr aufmerksam und haben eine clevere Fluchtstrategie, daher werden sie vergleichsweise selten Beute von Greifvögeln. Wenn ein Hörnchen einen potenziellen Angreifervogel entdeckt, versteckt es sich am Baumstamm auf der dem Angreifer abgewandten Seite und verharrt dort regungslos. Bewegt sich der Angreifer, läuft das Hörnchen am Baumstamm mit, um weiter verborgen zu bleiben. Bei einem tatsächlichen Angriff weicht es dem anfliegenden Vogel aus, indem es spiralförmig um den Stamm auf- oder abwärts rennt. Die Greifvögel können nicht direkt folgen und so kann das Hörnchen in einen sicheren Kobel oder in dichtes Geäst flüchten. Daher besteht die Taktik der Greifvögel darin, mit Überraschungsangriffen im Sturzflug zuzuschlagen.

Der Uhu erbeutet ebenfalls Eichhörnchen, er kommt jedoch sehr selten vor.

Eichhörnchen reagieren sehr sensibel, wenn sie die Silhouette eines Greifvogels oder überhaupt eines größeren Vogels am Himmel wahrnehmen. Wir konnten unzählige Male beobachten, wie unsere Eichhörnchen in Deckung gingen oder zumindest zusammenzuckten, wenn eine Krähe in ihr Sichtfeld flog.

Marder

Der gefährlichste vierbeinige Feind ist der Baummarder.

Der gefährlichste vierbeinige Feind der Eichhörnchen ist der Baummarder. Er ist ein ähnlich geschickter Kletterer wie das Eichhörnchen. Sein Nachteil: Er ist deutlich schwerer als ein Hörnchen und kann ihm deshalb nicht in dünneres Geäst folgen. Er kann sich vor allem nicht aus dem Baumwipfel stürzen, wie dies Eichhörnchen in höchster Not tun. Das Eichhörnchen bleibt in der Regel unverletzt und gewinnt einen Vorsprung, weil der Baummarder den langen Weg über den Baumstamm nach unten nehmen muss. Der Vorteil für den Marder: Er ist deutlich kräftiger und ausdauernder als das Hörnchen. Dessen Vorsprung wird auf Dauer aufgeholt, wenn es dem Marder gelingt, dem Hörnchen lange genug auf den Fersen zu bleiben. Ein weiterer Vorteil für den Baummarder ist seine Nachtaktivität. So kann er das Eichhörnchen im Schlaf überraschen. Dennoch sind Eichhörnchen in der Regel nur ein kleiner Teil seiner Beute. Abhängig von seiner Nahrungssituation kann dies stark variieren. Findet er sonst nur wenig zu fressen, jagt er häufiger Eichhörnchen.

Auch der Luchs hat Eichhörnchen auf seinem Speiseplan.

Neben dem Baummarder jagen auch andere Marder, wie zum Beispiel Hermelin, Iltis und Nerz, Eichhörnchen. Dies tun sie allerdings nur am Boden, denn in den Bäumen haben sie keine Chance zu folgen. Ihre Opfer sind eher die Jungtiere. Auch Marder findet man, wie das Eichhörnchen, zunehmend in der Stadt. Dabei handelt es sich in der Regel um Steinmarder, die selten höher auf Bäume klettern. Von ihnen sind Eichhörnchen daher nicht ernsthaft bedroht.

Andere Feinde

Im Wald muss das Eichhörnchen sich auch vor Füchsen, Wildkatzen und Luchsen in Acht nehmen. Für alle sind sie Gelegenheitsbeute. Im städtischen Lebensraum werden Eichhörnchen oft mit dem Jagdtrieb von Katzen und Hunden konfrontiert. Erwachsene Hörnchen werden dabei selten Opfer, gefährdet sind vor allem unachtsame Jungtiere. Eichhörnchen haben aber auch Verbündete: Die Hörnchen achten auf die Vögel in ihrer Umgebung und werden durch ihr Auffliegen alarmiert, wenn Gefahr droht.

Der Einfluss von Mensch und Zivilisation

Vom Menschen geht für Eichhörnchen selten eine direkte Gefahr als »Feind« aus. Aber: Die Zivilisation und die menschlichen Aktivitäten haben viele lebensbedrohende Auswirkungen auf Eichhörnchen.

Als direkter Feind tritt der Mensch bei der Jagd auf. Das Fleisch von Eichhörnchen spielt bei der Jagd heutzutage keine Rolle mehr. Eichhörnchenfell, das unter dem Namen »Feh« gehandelt wird, ist allerdings nach wie vor begehrt. Im deutschsprachigen Raum ist die Jagd auf Eichhörnchen verboten. Die vermarkteten Felle stammen hauptsächlich aus Russland/Sibirien, wo die Jagd auf diese Tiere immer noch ein Wirtschaftsfaktor ist.

Wenn Jungtiere zu Waisen werden, ist das in den meisten Fällen durch menschliche Aktivitäten verursacht. Die häufigsten Gründe sind Baumfällungen sowie der Tod des Muttertiers durch Verkehrsunfälle oder Vergiftungen. Straßen zerschneiden die Reviere der Eichhörnchen und können bei der Futtersuche oder auf der Flucht lebensgefährlich für die Tiere sein. Generell stellt die Zersiedelung von zusammenhängenden Waldflächen ein Problem für die Hörnchen dar. Werden die abgetrennten Untergebiete und damit ihr Revier zu klein, wandern sie ab.

Linke Seite: *Das Eichhörnchen trifft in der Stadt auf ganz neue Lebenssituationen ...*

Rechte Seite: *Ein Kobel, gebaut direkt an einer Hauptverkehrsstraße, birgt viele Gefahren.*

Eichhörnchen legen auch in Gärten ihre Vorräte an. Eine zu »gründliche« Gartenpflege kann diese zerstören.

Auch intensive Forstwirtschaft bedroht Eichhörnchen. Durch Baumfällungen stürzen immer wieder Jungtiere im Kobel ab. Den Absturz selbst überleben die Jungen häufig. In der »klassischen« Forstwirtschaft bleiben die Stämme lange genug liegen, damit das Muttertier die Chance hat, die Kleinen in einen anderen Kobel zu retten. In der industriellen Forstwirtschaft hingegen werden Bäume geradezu geerntet, das heißt, sie werden innerhalb weniger Minuten gefällt, entastet und zerkleinert. Wird ein Baum von einem riesigen Holzvollernter verarbeitet, besteht für Eichhörnchenjungtiere, die sich im Baum befinden, keine Aussicht auf Rettung.

Im städtischen Lebensraum drohen ganz neue Gefahren für Eichhörnchen. Diese reichen von harmlos wirkenden Regentonnen über ordnungsliebende Gärtner, die bei der Gartenpflege die versteckten Wintervorräte zerstören, bis hin zu den chemischen »Helfern«, die Schädlinge fernhalten und Pflanzen sprießen lassen sollen.

Eine Regentonne kann tatsächlich zur tödlichen Falle für Eichhörnchen werden. Sie können zwar schwimmen, dies hilft ihnen aber nicht, wenn sie beim Versuch, an das Wasser zu gelangen, in die Tonne fallen und dann den Rand nicht mehr erreichen. Es gibt einfache Abhilfen, um ein Ertrinken nach langwierigem Todeskampf zu verhindern: Man kann die Tonne mit einem Deckel verschließen oder einen Stock schräg hineinstellen, über den sich das nasse Hörnchen einfach herausrettet.

Unsachgemäß ausgebrachter Chemiedünger verwandelt sich nach einem kräftigen Regen zur ätzenden Lauge. Laufen Eichhörnchen durch solche

Chemiepfützen, verätzen sie sich ihre Sohlen, lecken diese ab und vergiften sich damit eventuell tödlich. Dieser Gefahr sind natürlich auch alle anderen Gartenbewohner wie auch Haustiere ausgesetzt. Die Verwendung umweltschonenderer Alternativen zum Chemiedünger oder wenigstens die Beachtung der Herstellerangaben zu dessen Verarbeitung würde viel Leid in der Tierwelt vermeiden.

Giftköder locken auch Tiere an, die gar nicht vergiftet werden sollen. Daher sollte man im Garten grundsätzlich auf Gifte verzichten.

Eine noch größere Gefahr für Eichhörnchen und andere Gartenbewohner stellen Gartengifte dar. Zum Beispiel sind frei und leicht erhältliche Pflanzenschutzmittel und Giftköder nach wie vor sehr beliebt. Vergiftungen bedeuten fast immer einen sehr schmerzhaften, qualvollen Tod für das betroffene Tier, da die Produkte so konzipiert sind, dass sie langsam wirken. Artgenossen sollen keinen Zusammenhang zwischen dem Köder und der tödlichen Wirkung bemerken. Eine große Gefahr für Eichhörnchen bringen vergiftete Köder zum Kurzhalten von Schnecken, Mäusen, Ratten und anderen sogenannten Schädlingen. Da diese »Schädlingsbekämpfungsmittel« auch immer Lockmittel enthalten, ziehen diese natürlich auch Tiere an, die gar nicht vergiftet werden sollen.

Auf Giftköder völlig zu verzichten ist daher angebracht. Erscheint ein Einsatz unumgänglich, sollte er von einem Fachmann durchgeführt werden. Sein Fachwissen minimiert die Gefährdungen für Kinder, Wild- und Haustiere und berücksichtigt die Umweltbelange. Die breite Palette weiterer Gartengifte zur Beseitigung von Schimmel, Algen, Pilzen, Insekten und Ähnlichem können ebenfalls Eichhörnchen und anderen Gartenbewohnern schwer zusetzen. Die Aufnahme der Gifte erfolgt direkt über eingesprühte Pflanzen, die gefressen werden, oder über das Ablecken anhaftender Gifte von den Sohlen.

Gedankenloser Umgang mit Giften in Garten und Haushalt gehört sofort abgestellt. In fast jedem Fall gibt es eine schonende Alternative, die dem Leben und der Gesundheit von Mensch, Tier und Umwelt zuträglicher ist als verlockend bequeme Gifte.

Eichhörnchenwaisen

Wenn Eichhörnchenkinder von ihrer Mutter getrennt werden, ist das lebensbedrohlich für sie, da die Jungen in den ersten Lebenswochen vollständig abhängig von ihr sind. Leider ist es gar nicht so selten, dass kleine, hilflose Eichhörnchen gefunden werden oder die Verlorengegangenen in ihrer Verzweiflung Menschen nachlaufen oder sogar hilfesuchend am Hosenbein hochklettern.

Niemals hat der ungeschützte Findling den Kobel freiwillig verlassen. Die Gründe können vielfältig sein: Stürmisches Wetter hat den Kobel zerstört, Fressfeinde sind in das Nest eingedrungen oder gar der ganze Baum, in dem der Kobel sich befand, ist umgesägt worden. Das Unglück kann auch damit begonnen haben, dass die Mutter nicht von der Futtersuche zurückgekehrt ist oder sich ein Eichhörnchenkind einfach zu weit aus dem Kobel gewagt hat. Der tatsächliche Grund ist meistens nicht zu ermitteln.

Die Finder von verwaisten kleinen Eichhörnchen wissen oft gar nicht genau, wen sie da vor sich haben: Wer ist dieses kleine rote, braune oder schwarze

Linke Seite:
Wenn Eichhörnchenbabys ihre Mutter verlieren, sind sie auf menschliche Hilfe angewiesen, um überleben zu können.

Rechte Seite:
Die Finder von verwaisten kleinen Eichhörnchen wissen oft gar nicht genau, wen sie da vor sich haben.

Fellknäuel, kaum größer als eine halbe Hand? Da den Eichhörnchenbabys noch das typische Erkennungszeichen fehlt – der buschige Schwanz – sind sie für viele Menschen auf den ersten Blick nicht eindeutig zuzuordnen. Sehr kleine Findelkinder sind nur mit einem dünnen Flaum behaart, haben oftmals noch geschlossene Augen und einen sehr dünnen Schwanz.

Die kleinen Findlinge wurden unabhängig voneinander in einer Auffangstation abgegeben. Die Helfer schauen, ob sie sich verstehen, denn Eichhörnchen sollten immer in Gemeinschaft aufwachsen.

Das Leben eines gefundenen Eichhörnchenkindes kann unmittelbar davon abhängen, wie der Finder die Situation einschätzt und dann handelt. Sich zum Eingreifen zu entscheiden, ist oft nicht leicht. Ist die Mutter noch in der Nähe, um ihr Junges zurückzuholen, oder ist sofortige Hilfe notwendig, und was ist jetzt richtig? Wird das Eichhörnchenkind nicht von seiner Mutter zurückgeholt, kann es nur überleben, wenn Menschen die Aufzucht übernehmen. Das Aufziehen ist eine anspruchsvolle Aufgabe, die Fachkenntnisse sowie sehr viel Zeit und Engagement erfordert. So müssen die ganz Kleinen zum Beispiel zwei- bis dreistündlich »gesäugt« und rundum betreut werden – Tag und Nacht. Dies ist eine anstrengende, sehr verantwortungsvolle Aufgabe, die ohne Erfahrung nicht zu leisten ist und keinen Raum für Experimente lässt. Die empfindlichen Kleinen haben nur die eine Chance.

Für das Wohlergehen der Tiere ist es daher am besten, wenn sie möglichst schnell nach der Erstversorgung zu erfahrenen Helfern einer Eichhörnchenauffangstation kommen. Sie werden dort zusammen mit Artgenossen in geeigneten, möglichst naturnahen Volieren aufgezogen. So lernen sie in ihrer neuen Patchwork-Familie die sozialen Eichhörnchenspielregeln und erwerben gemeinsam die Fähigkeiten, die sie später in der freien Natur benötigen. In Gemeinschaft mit anderen Eichhörnchen aufgezogen, werden sie auch nicht zu sehr durch den Menschen geprägt.

Sobald die Eichhörnchen für sich selbst sorgen können, müssen sie wieder ausgewildert werden.

Eichhörnchen sind in Deutschland besonders geschützte Tiere. Das bedeutet, dass sie nicht der Natur entnommen werden dürfen. Eine ausdrückliche Ausnahme hiervon gibt es für selbstständig nicht lebensfähige Eichhörnchen, also verwaiste Jungtiere, verletzte oder kranke Tiere. Sie dürfen vom Menschen aufgenommen werden. Allerdings dürfen sie nicht bei ihren Rettern als »Haustier« bleiben. Sobald die Hörnchen gesund sind und für sich selbst sorgen können, müssen sie laut Gesetz wieder ausgewildert werden.

Die Info-Kästen auf den Seiten 112/113 enthalten als Hilfestellung die wichtigsten Punkte, was zu tun ist, wenn man ein hilfloses Eichhörnchen findet. Kompetenten Rat kann man sich bei Eichhörnchenauffangstationen holen. Hilfe bekommt man auch bei örtlichen Wildtierstationen. Informationen und Kontaktdaten sind im Internet zugänglich.

Verletzte Eichhörnchen

Beide Fotos:
Verletzte Eichhörnchen brauchen in jedem Alter menschliche Hilfe.

Die häufigsten Ursachen für Verletzungen gehen von menschlichen Aktivitäten aus, wie die Erfahrungen der deutschen Eichhörnchenauffangstationen zeigen. Im Straßenverkehr verletzen sich viele Eichhörnchen oder kommen um. Baumfällungen sind ebenfalls eine bedeutende Quelle für Verletzungen. Schließlich gehen noch weitere unzählige Gefahren von der menschlichen Zivilisation aus, auf die ein Eichhörnchen nicht vorbereitet ist, zum Beispiel unsachgemäß eingesetzte Gartendünger und -gifte.

Häufige Gründe für Verletzungen sind auch Angriffe von Krähenvögeln, Greifvögeln oder Katzen. Auch Eichhörnchen untereinander verletzen sich gelegentlich bei Revierkämpfen, wobei in ungünstigen Fällen ein Teil des Schwanzes verlorengehen kann. Auch Knochenbrüche sind häufige Verletzungen, die meist durch Stürze verursacht werden.

Kann sich das verletzte Tier nicht mehr selbstständig zurückziehen, ist dies ein sicheres Zeichen, dass es Hilfe braucht. Für eine Erstversorgung helfen Schutz, Wärme, Wasser und Nahrung. Bei ernsteren Verletzungen kann man dem Eichhörnchen am besten helfen, indem man es zum Tierarzt bringt. Bei der Auswahl des Tierarztes sollte bedacht werden, dass nicht jeder Tierarzt Erfahrung mit Wildtieren hat. Auch hier können Wildtier- und Eichhörnchenauffangstationen bei der Suche beraten und unterstützen.

Beim Tierarzt sollte unbedingt darauf geachtet werden, dass das Eichhörnchen nicht mit chemischen Mitteln entfloht wird. Die üblichen Entflohungsmittel aus dem Haustierbereich können Eichhhörnchen schwer schädigen oder sie gar das Leben kosten.

Der oft geäußerte Einwand »Man sollte der Natur ihren Lauf lassen« erscheint antiquiert und unpassend im Zusammenhang mit Eichhörnchenfindlingen. Die meisten verletzten und verwaisten Eichhörnchen werden in den großen Städten gefunden. Dort ist es häufig nicht »die Natur«, die Eichhörnchen in lebensbedrohliche Situationen bringt, sondern es sind menschliche Aktivitäten. Um die Städte auch für Eichhörnchen lebensfreundlicher zu gestalten und die Nischen für Wildtiere zu bewahren, können wir viel im Kleinen tun. Mit wildlebenden einheimischen Tieren, die Parks und Gärten erobern, gewinnt die städtische Lebensqualität.

Was tun, wenn ich ein hilfloses Eichhörnchen finde?

Meistens sind es Jungtiere, die Hilfe brauchen:

> Zuerst ist es wichtig abzuschätzen, ob das Muttertier in der Nähe ist und das verlorene Junge in den Kobel zurückholen könnte. Dies wäre mit Sicherheit bei Jungtieren die beste Lösung.

> Man darf das Findelkind anfassen, zum Beispiel, um es zu untersuchen oder zu wärmen. Die Eichhörnchenmutter wird es nicht wegen des »Menschengeruchs« verstoßen.

> Um die Rückführung zur Mutter einzuleiten, sollten Sie zunächst dafür sorgen, dass es der Findling ausreichend warm hat und er vor zu starker Sonne geschützt ist. Katzen und Hunde müssen selbstverständlich ferngehalten werden. Auch auf andere Räuber, wie zum Beispiel Krähen, sollte man achten. Ziehen sie sich dann etwas zurück, so dass die Mutter die Chance bekommt, sich ihrem Jungen zu nähern und es abzuholen.

> Suchen Sie die Umgebung ab, ob eventuell Geschwister gemeinsam mit dem Findelkind abgestürzt sind.

> Die Rückführung zur Mutter kann einige Zeit dauern. Das Findelkind sollte ab und an in der Hand gewärmt werden, damit seine Körpertemperatur nicht abfällt.

> Ist das Junge verletzt, sollte es mitgenommen werden. Dies gilt im Übrigen auch für erwachsene Tiere. Verletzte sowie ausgekühlte oder zu schwache Findelkinder werden nicht von der Mutter zurückgeholt. Hier ist Hilfe notwendig.

> Eine erste Flüssigkeitsversorgung kann lebensrettend sein. Auf keinen Fall darf man Kuhmilch geben! Eine geeignete Notfall-Flüssigkeit lässt sich aus 200 Milliliter Fencheltee (oder abgekochtem Wasser), 2 Teelöffeln Traubenzucker oder Honig sowie einer kleinen Prise Salz bereiten. Die abgekühlte Flüssigkeit darf zuerst nur tropfenweise

in die Backentasche oder auf die Lippen gegeben werden. Dafür eignen sich Spritzen (ohne Kanüle), Pipetten oder kurze Trinkhalme, die wie eine Pipette benutzt werden.

> Eichhörnchen können in ihren ersten Lebenswochen nicht selbstständig Urin ablassen. Da die Stimulierung durch das Muttertier fehlt, muss der Finder dies übernehmen. Drehen Sie das Hörnchen vorsichtig in der Hand auf den Rücken und streichen sanft mit einem weichen Stück Toilettenpapier oder Papiertaschentuch über das Geschlechtsteil, so lange, bis kein Urin mehr kommt.

> Nach der ersten Versorgung sollte das Hörnchen geschützt, warm und ruhig untergebracht werden. Dafür eignet sich ein weich und warm ausgepolsterter Karton. Die Zwischenbehausung sollte so beschaffen sein, dass das Eichhörnchen nicht herausklettern und sich Verletzungen durch Absturz oder Einklemmen zuziehen kann.

> Generell sollte man sehr ruhig mit den Hörnchen umgehen, da sie in dieser Lage schon ungeheuer stressbelastet sind und hoher Stress lebensbedrohlich für die Findlinge sein kann.

> Ein Eichhörnchenkind lässt sich in die Hand nehmen, ohne dass es beißt. Ein erwachsenes, wildes Eichhörnchen hingegen, das wegen einer Verletzung oder aus anderem Grund Hilfe braucht, wird ziemlich sicher beißen, wenn es aufgenommen wird. Ein Biss kann sehr tief gehen. Beim Aufnehmen sollten daher immer solide Handschuhe getragen oder es sollte ein großes Handtuch verwendet werden.

> Ungewöhnliches Verhalten, wie dem Menschen hinterherzulaufen oder ihm gar am Hosenbein zu hängen, ist Ausdruck der verzweifelten Lage von verwaisten Jungtieren. Die Sorge, das Tier könnte vielleicht Tollwut haben, ist unbegründet. In Deutschland, Österreich und der Schweiz gilt die Tollwut als ausgerottet.

> Nach der Erstversorgung sollte man sich unbedingt an eine örtliche Wildtier- oder Auffangstation wenden, um eine artgerechte Betreuung sicherzustellen. Informationen und Kontaktdaten sind im Internet zugänglich.

Das Problem Grauhörnchen

Grauhörnchen sind die nordamerikanischen Verwandten der Eichhörnchen. Sie unterscheiden sich von Eichhörnchen durch ihr graueres Fell und ihre um ein Drittel größere, etwas plumpere Statur. Den Grauhörnchen wachsen außerdem keine Ohrpinsel. Menschen gegenüber sind sie deutlich weniger scheu als Eichhörnchen.

Ende des 19. Jahrhunderts wurden Grauhörnchen in Großbritannien und später in Norditalien bewusst von Menschen ausgesetzt. Sie haben den neuen Lebensraum sehr erfolgreich erobert – mit katastrophalen Folgen für die einheimischen Eichhörnchen. Grauhörnchen verdrängen die Eichhörnchen aus ihren Revieren. Die kräftigeren Grauhörnchen sind erfolgreicher bei der Nahrungssuche und machen auch vor den Vorräten von Eichhörnchen nicht halt. Die Hauptgefahr für Eichhhörnchen ist allerdings der von den Grauhörnchen eingeschleppte Parapoxvirus, auch Eichhörnchenpocken genannt. Während die Grauhörnchen gegen den Virus immun sind, endet für Eichhörnchen eine Infektion mit dem Erreger fast immer tödlich. Der Virus wird meist an gemeinsamen Futterstellen übertragen oder in verlassenen Grauhörnchennestern, die von Eichhörnchen genutzt werden. Einen Impfstoff gegen den Parapoxvirus, mit dem Eichhörnchen geschützt werden könnten, gibt es bislang nicht.

In Großbritannien ist das europäische Eichhörnchen akut vom Aussterben bedroht. Nur wenige Populationen haben eine Nische in Nadelwäldern gefunden, die anscheinend für Grauhörnchen nicht attraktiv sind. Es gibt zahlreiche private und staatliche Initiativen, die versuchen, das Überleben des europäischen Eichhörnchens in Großbritannien zu sichern. Auch in Norditalien sind die Eichhörnchen grundsätzlich die Unterlegenen im Konkurrenzkampf mit den Grauhörnchen. Dort scheint jedoch die Verdrängung des Eichhörnchens etwas langsamer voranzuschreiten. Ohne Eingreifen des Menschen wird aber auch dort langfristig das europäische Eichhörnchen verschwinden. In Deutschland, der Schweiz, Österreich und dem restlichen Europa gibt es bislang keine wild lebenden Grauhörnchen. Die Insellage Großbritanniens verhindert ihre Ausbreitung. Den in Italien lebenden Grauhörnchen stehen für eine Ausdehnung nach Zentraleuropa die Alpen im Weg. Experten erwarten jedoch, dass sie die Alpen in den nächsten Jahrzehnten umwandern und sich so in ganz Europa verbreiten werden.

Grauhörnchen gefährden die Existenz von Eichhörnchen.

Schäden durch Eichhörnchen

Manche Leute behaupten, Eichhörnchen vernichteten ganze Waldstriche. Dem ist natürlich nicht so. Ihr Ruf als Baumschädling hat jedoch einen konkreten Hintergrund: Knospen und junge Triebe sind Teil ihrer Nahrung, sie schälen Baumrinde für den Kobelbau oder nutzen sie zur Zahnpflege. Auch benagen sie die Baumrinde, um ihre Aggressionen abzubauen oder um den darunter befindlichen Baumsaft abzulecken. Jedoch, ein Wäldchen oder gar einen ganzen Wald vermögen sie so nicht zu zerstören.

Eichhörnchen können Bäume durch Nagen ernsthaft schädigen. Erstreckt sich die Baumwunde rund um den Ast oder Stamm, sterben Teile ab. Im schlimmsten Fall geht der ganze Baum ein. Dies betrifft aber stets nur einzelne Bäume, niemals ganze Waldbestände.

Auf der positiven Seite der Baumbilanz steht, dass Eichhörnchen unzählige Bäume pflanzen, indem sie ihre vergrabenen Vorräte vergessen oder nicht

Linke Seite:
Das Benagen von Rinden kann Bäume schädigen.

Rechte Seite:
Auch Garten- oder Balkonpflanzen können schon mal in Mitleidenschaft geraten.

Eichhörnchen bedienen sich gern an Vogelfutterstationen.

Rechte Seite:
Oben links:
Die Hörnchen benagen auch Bäume.

Oben rechts:
Vorräte werden überall angelegt.

Unten:
Aufforstung à la Eichhörnchen: Blumentopf-Fundstücke – durch vergessene Nüsse und Eicheln wachsen neue Bäume.

nutzen. Ganz besonders nach schweren Waldschäden, durch Sturm oder Brand, gehört den Eichhörnchen eine Vorreiterrolle bei der natürlichen Aufforstung. Nach der letzten Eiszeit haben sie buchstäblich die Grundlagen für die Wälder in Mitteleuropa gelegt.

Die positive Rolle des Eichhörnchens im Waldökosystem geht noch über das Bäumepflanzen und Säen hinaus. Sie verbreiten sehr effektiv Pilze und tragen auch aktiv zur Schädlingsbekämpfung bei. Eichhörnchen fressen Insekten verstärkt, wenn diese durch ihr massenhaftes Auftreten leicht verfügbar sind. Der gewaltige Anteil, den Eichhörnchen zur Aufforstung und Verbreitung von Pflanzen und Pilzen beitragen, überwiegt die von ihnen verursachten Schäden bei Weitem.

In menschlichen Siedlungen bergen manche Eigenheiten der Hörnchen Konfliktpotenzial: Nicht jeder Hobbygärtner ist erfreut über Eichhörnchen in seinem Garten. Neben dem Rindenschälen kommt es vor, dass manche Hörnchen Blüten zu ihrer Lieblingsnahrung machen, Blumenzwiebeln ausbuddeln und fressen, Löcher in den Rasen scharren oder einfach durch Graben und Vergraben Anarchie in die angelegten Blumenbeete bringen.

Vogelfreunde sorgen sich um die Singvögel in ihrer Umgebung, wenn Eichhörnchen sich ansiedeln. Dies gilt für das »Stehlen« des Futters, das für die Vögel vorgesehen ist, und ganz besonders für das Ausräumen von Nestern.

Anarchie im Blumentopf!

Dies sollte differenziert betrachtet werden, da Vogeleier bestenfalls Gelegenheitsfutter und Nestlinge als Eichhörnchennahrung umstritten sind (siehe Kapitel »Ernährung«).

Schäden entstehen auch durch das Benagen von Holzteilen oder Kabeln. Bei Stromkabeln endet dies meistens tödlich für das arglose Hörnchen.

In vielen Fällen ist der Ärger über Schäden nachvollziehbar. In manchen Fällen lässt er sich auch vermeiden, ohne dass zu groben Mitteln gegriffen werden müsste. Grundsätzlich sind Eichhörnchen überhaupt nicht zerstörerisch veranlagt. Wenn sie sich regelmäßig in einem Garten umtun, hat dies immer handfeste Hintergründe: Sie suchen nach Futter oder einem guten Platz, an dem sie ihren Nachwuchs großziehen können. Da sie auch noch neugierig sind und das Nagen ihre Natur ist, kann es bei den Besuchen manchmal zu Schäden kommen.

Wer Eichhörnchen nicht in seiner Nähe haben mag, kann dies häufig schon mit sanften Mitteln verhindern. Eichhörnchen sind scheu, daher reicht es schon,

Paddi und Lu haben oft ihre Vorräte bei uns ein- und ausgebuddelt. Die verursachten kleinen »Schäden« machten die Hörnchen mit ihrem Charme allemal wett …

Linke Seite: *Ein besonderes Eichhörnchenkraut.*

sich im Garten zu zeigen – wenn dies zunächst auch nur für den Moment wirkt. Die stärkste Anziehungskraft hat Futter. Wer keinen Eichhörnchenbesuch haben möchte, sollte offen verfügbares Futter vermeiden, zum Beispiel Vogelfutter oder Obst und Gemüse auf dem Komposthaufen. Um Vögeln weiter Futter anbieten zu können, gibt es im Handel sogar eichhörnchensichere Futterhäuschen. Wollen Sie vermeiden, dass Eichhörnchen in oder am Haus einen Kobel bauen, sollten Sie potenzielle Zugänge und Nischen schließen oder mit Gittern/Maschendraht versehen. Kabel können mit Kabelkanälen geschützt werden, am sichersten, wenn diese aus Metall sind.

Eichhörnchen bauen ihre Kobel gelegentlich in unmittelbarer Nähe des Menschen und nutzen dabei oft Wandnischen und Luftschächte. Häufig lassen sie sich auf der Markise oder direkt auf dem Balkon nieder. Dort können sie den Menschen stören und im Weg sein. Da Eichhörnchen besonders geschützte Tiere sind, ist es verboten, einen Kobel zu zerstören oder zu entfernen. Soll ein Kobel umgesiedelt werden, muss dies immer von der zuständigen Behörde für Umweltschutz genehmigt werden. Die Einschränkungen, die die zugezogenen Eichhörnchen verursachen, relativieren sich für die meisten unfreiwilligen Vermieter, wenn sie das Aufwachsen kleiner Eichhörnchen aus nächster Nähe beobachten können.

Begegnung mit Eichhörnchen

> *Eichhörnchenmagie*

> *Kontakt und Kennenlernen*

Eichhörnchenmagie

Zweifellos haben Eichhörnchen eine ganze Palette von Eigenschaften, die sie für uns Menschen so faszinierend und interessant machen. Allein durch ihr hübsches Äußeres, mit dem charakteristischen Puschelschwanz und den großen Kulleraugen, wirken sie so süß und liebreizend.

Wenn sie dann akrobatisch durch die Bäume flitzen, fällt es dem Betrachter schwer, sich von der Darbietung loszureißen. Zudem sind Eichhörnchen meistens nur kurz und in der Ferne zu sehen. Sie können aber auch ziemlich neugierig sein, wodurch man ihnen manchmal näherkommt. In bestimmten Situationen werden sie sogar zutraulich, was bei Wildtieren nicht alltäglich ist. Das alles weckt Interesse – wo stecken sie sonst und was treiben sie den ganzen Tag?

Linke Seite:
Ein magischer Moment, wenn man einem Eichhörnchen begegnet …

Rechte Seite:
… aber leider: Kaum sind sie da – sind sie schon wieder weg.

Kontakt und Kennenlernen

Das Leben verändert sich ganz plötzlich, wenn einem ein Eichhörnchen einmal tief ins Auge schaut. Genau das ist uns passiert!

Endlich sichteten wir wieder Eichhörnchen in unserem Hofgarten. Wir gaben uns sofort alle Mühe, sie anzulocken. Als sie dann Auge in Auge mit uns auf dem Balkon saßen, war alles klar. Von nun an suchten wir morgens zuerst Balkon und Garten ab, wo die Eichhörnchen steckten. Wenn Paddi oder Lu ihre Nüsse und Kerne gemeinsam mit uns frühstückten, fing der Tag gut an! Sofort hatten wir die beiden in unseren Tagesablauf integriert und beobachteten sie fasziniert.

Sie kamen uns nach und nach immer näher und wir erlebten, was im Laufe eines Eichhörnchenjahres alles passiert: sichtbare Veränderungen, wie der Fellwechsel mit dem Ausfallen und Wiederwachsen der Ohrpuschel, Zankereien in der Paarungszeit, die konzentrierte Kobelbauphase, der dramatische Hunger einer säugenden Eichhörnchenmutter und natürlich auch das Anlegen der Vorräte im Herbst. Hautnah lernten wir das Verhalten der Hörnchen kennen und entdeckten die individuellen Eigenheiten unserer beiden Besucher.

Linke Seite:
Eichhörnchen sind neugierig. Ihre Aufmerksamkeit ist leicht zu gewinnen.

Rechte Seite:
Dieses Hörnchen erkannte schnell, dass es auf dem Balkon etwas zu holen gibt. Nachdem es öfter kam, nannten wir es »Paddi«.

Schauen auch bei Ihnen im Garten oder auf dem Balkon öfter mal Eichhörnchen vorbei und möchten Sie mit ihnen Kontakt aufnehmen? Dann müssen Sie zuerst auf sich aufmerksam machen – das ist gar nicht so schwer! Die natürliche Neugier von Eichhörnchen hilft Ihnen dabei. Und wenn Sie ein paar Nüsse oder anderes Eichhörnchenfutter zur Hand haben, ist das schon alles, was Sie dafür brauchen.

Unsere Eichhörnchenbesucher sahen wir zunächst in den Bäumen in unserem Hofgarten herumturnen. Um ihre Aufmerksamkeit zu erregen, klopften wir mit Haselnüssen auf die Fensterbank und gaben anfangs auch Laute von uns, von denen wir glaubten, sie klängen nach Eichhörnchen. Nachdem die Hörnchen uns wahrgenommen hatten, kamen sie bald näher. Wir warfen ein paar Nüsse in ihre Richtung, auf den Rasen vor unserem Balkon. Diese wurden gleich verputzt und der Nachschub ebenso. Das Nussklopfzeichen funktionierte am nächsten Tag erneut. Nach wenigen Wiederholungen kamen die Eichhörnchen, sobald sie in Hörweite waren.

Linke Seite:
Oben:
Durch Erklimmen des Balkons ist die Futterquelle erreicht.

Unten links:
Vorher wurde mit geworfenen Nüssen die Neugierde geweckt.

Unten rechts:
Noch zögernd prüft das Hörnchen die Situation vor Ort.

Irgendwann saß das erste Eichhörnchen tatsächlich auf dem Balkongeländer und wollte an die Nussquelle. Als es dort auf uns traf, begannen sofort Scheu und Neugier miteinander zu ringen – gehe oder bleibe ich? Gespannt schauten wir zu, ob das Hörnchen genug Mut aufbrachte, sich eine Nuss abzuholen. Auch wir waren unsicher. Wie sich verhalten? Wie nah kann man einem Eichhörnchen kommen, beißt es vielleicht sogar oder stürmt es in die Wohnung? Die Hörnchen und wir tasteten uns langsam heran.

Auf diese Weise tauchten im letzten Frühling gleich zwei Eichhörnchen bei uns auf und begleiteten uns durch das ganze Jahr: Paddi und Lu. Beide waren anfangs sehr zurückhaltend und blieben auf Distanz. Die ersten Versuche, ihnen eine Nuss vorsichtig zuzurollen, endeten mit ihrer Flucht. Aber sie kamen nach ein paar Minuten wieder und nahmen die Nüsse mit. Schließlich wurde unser Balkon eine feste Station auf ihrer täglichen Route.

Ist etwas nicht ganz geheuer, verschwindet das Hörnchen auf der Stelle …

Langsam gewöhnte sich Paddi an uns und unseren Balkon.

Rechte Seite: *Schließlich nahm das Eichhörnchen Futter direkt aus der Hand … was für ein besonderer Moment für uns!*

Bei den Besuchen lernten wir die Hörnchen näher kennen und ihr Zutrauen wuchs nach und nach. Dabei bemerkten wir, dass jedes Eichhörnchen seinen eigenen Willen und Charakter hat: Paddi traute sich schnell in unsere Nähe und interessierte sich für alles, was sie erreichen und beschnüffeln konnte. Lu war sehr scheu und flüchtete bei der kleinsten Bewegung oder dem leisesten Geräusch. Wenn er blieb, machte er es sich lieber in den Blumentöpfen gemütlich, statt den Balkon zu erkunden.

Eichhörnchen reagieren stark auf schnelle Bewegungen und Geräusche. Bei der Begegnung mit ihnen sollten Sie sich ganz langsam bewegen und leise sein. Und selbstverständlich hilft Futter, damit das Hörnchen ein wenig bleibt. Ob unsere Methode ein Patentrezept ist, um Eichhörnchen anzulocken, sei dahingestellt – bei uns hat sie jedenfalls gut funktioniert. Wenn man Hörnchen für einen Besuch interessieren möchte, kann man sie bei ihrem ungebremsten Interesse an allem Neuem packen. Ein immer gleiches Signal an sie ist hilfreich als Erkennungszeichen. Im ersten Schritt sollen die Hörnchen nur erkennen, dass sie eine gute Futterstelle gefunden haben und es sich lohnt wiederzukommen.

Lu war eher zögerlich – wagt er sich weiter …?

Linke Seite:
Auf unserem Balkon steht immer ein Schälchen mit Snacks bereit.

Für den Fall, dass wir unsere Hörnchen verpassen, steht immer ein Schälchen mit Körnern und Nüssen auf dem Balkon. Dies war häufig schon leergeräumt, wenn wir frühmorgens aufstanden. Und hatten wir am Abend vergessen, es nachzufüllen, saß am nächsten Morgen schon ein Hörnchen auf dem Geländer und wartete auf seine Nuss.

Statt die Hörnchen aktiv anzulocken, kann man also auch einfach Nüsse, Körner, Obst und Ähnliches (siehe Kapitel »Ernährung«) bereitstellen und hoffen, dass das Futter von den Eichhörnchen gefunden wird. Gibt es geschützte Plätze, an denen sich die Hörnchen sicher fühlen können, zum Beispiel ein naher Baum, ist die Chance groß, dass sie gleich vor Ort das angebotene Futter verputzen und sich anschließend ausruhen. Das schafft eine gute Gelegenheit, sie ausgiebiger zu beobachten. Andererseits ist aber auch damit zu rechnen, dass alles als Vorrat komplett weggeschafft und versteckt wird – je nach Jahreszeit.

Auch muss man sich bewusst sein, dass offenes Futter natürlich ebenso für Vögel oder andere Nager interessant ist. Wenn es nur für Eichhörnchen bestimmt sein soll, können Sie sich eine spezielle Eichhörnchenfutterstation

mit aufklappbarem Dach anschaffen. Die Hörnchen werden schnell heraushaben, wie sie an den Inhalt gelangen, die Konkurrenz wird den Deckel nicht aufbekommen.

Ist der erste Kontakt hergestellt, können Sie regelmäßigen Besuch erwarten. Eichhörnchen haben feste, aber nicht unveränderbare Streifwege, die sie täglich ablaufen. Eine immer wieder aufgefüllte Futterstelle wird mit hoher Wahrscheinlichkeit in ihren Kurs aufgenommen. Dies bedeutet auch, dass sie zu ungefähr den gleichen Zeiten vorbeikommen. Auch unsere Eichhörnchen haben das so gehalten.

Ein wenig Geduld muss man mitbringen, damit die wilden Hörnchen sich an die Nähe der Menschen gewöhnen können. Aber auch wenn die Eichhörnchen zutraulich werden, behalten sie weiterhin ihre Unabhängigkeit. Gefällt dem Hörnchen etwas nicht, zieht es sich zurück und lässt das Futter liegen. Manchmal verschwindet es auch für mehrere Tage. Und plötzlich ist es wieder da und holt sich seine Nüsse ab.

Linke Seite:
Erwischt – Paddi beim Stürmen der Küche!

Unten:
Das Eichhörnchen schaffte es dennoch in die Wohnung, flüchtete aber schnell wieder nach draußen ...

Paddi ist da!
Für uns war es immer wieder ein schönes Ritual, die Hörnchen im direkten Kontakt zu füttern.

Paddi und Lu wurden zum festen Bestandteil unseres Tagesablaufs. Paddi, die Hörnchendame, kam zunächst alleine, dann tauchte Lu häufig zusammen mit ihr auf. Paddi gönnte ihm aber keine Nuss und war eindeutig das Platzeichhörnchen. Die Zweisamkeit ging nach wenigen Wochen zu Ende und Lu kam nur noch sporadisch vorbei. Wir rätselten schon damals, ob die beiden vielleicht ein Paar waren und Lu, als der Vater, wegen der bevorstehenden Geburt der Kleinen nun vertrieben wurde. Paddi besuchte unseren Balkon mehrmals am Tag, immer mit Heißhunger. Der Grund dafür wurde uns später klar: Wir entdeckten, dass das Hörnchen offensichtlich eine säugende Mutter war. Ihre gefüllten Zitzen standen deutlich aus dem weißen Bauchfell hervor. Wir freuten uns schon darauf, in Kürze ihren Nachwuchs kennenzulernen!

Paddi

Sie wurde immer zutraulicher und schien sich auf unserem Balkon ganz zu Hause zu fühlen. Paddi nahm von uns – und sogar von Besuchern – Futter aus der Hand. Wichtig schien ihr auch das ausgiebige Beschnuppern zu sein. Wenn die Finger gut rochen, knabberte sie manchmal testweise an ihnen, ganz vorsichtig und zart.

Ihre Neugier war mitunter so groß, dass wir Mühe hatten, sie davon abzuhalten, auch unsere Wohnung zu untersuchen. Das ist uns nicht immer gelungen. Paddi hatte sich ein paar Mal hereingeschlichen, ist aber immer nach wenigen, nervösen Metern wieder ganz schnell auf den Balkon hinaus – drinnen sah

Erst wurde intensiv beschnuppert, um dann die »Ware« entgegenzunehmen.

es anscheinend, aus der Eichhörnchenperspektive, nicht vertrauenerweckend aus. Das war auch in unserem Sinne, denn wir wollten vermeiden, dass das Eichhörnchen in der ungewohnten Umgebung den Ausgang nicht mehr findet und in Panik gerät.

Nach vier Monaten täglicher Begegnung mit uns traute Paddi sich schließlich sogar, auf Birtes Beine zu springen, um sich ihre Nuss abzuholen. Das Foto davon ist leider auch eines der letzten, die wir von ihr machen konnten. Danach haben wir sie nicht mehr gesehen. Sie fehlte uns richtig und wir denken immer noch an die Besuche unserer zauberhaften Paddi. Wir hoffen sehr, dass Paddi und ihre Kleinen einfach umgezogen und nun in einem anderen Revier unterwegs sind.

Lu

Lu hatte in der Zwischenzeit unregelmäßig vorbeigeschaut. Sehr schnell bemerkte er, dass Paddi ihm das Futter nicht mehr streitig machte und kam nun täglich auf unseren Balkon. Als ganz gegensätzlich zu Paddi erlebten wir Lu eher hektisch und sehr leicht zu erschrecken. Es dauerte eine Ewigkeit, bis wir ihm überhaupt eine Nuss hinhalten konnten, ohne dass er flüchtete. Doch nach und nach fasste er Vertrauen, nahm schließlich Nüsse auch aus unserer Hand und blieb länger. Lu war ebenfalls eine treue Seele und kam über Monate täglich zum Futtern und um seine Vorräte auszubauen.

Mit Beginn des Oktobers demonstrierte uns Lu die berühmte Vorratshaltung der Eichhörnchen. Unsere Blumentöpfe wurden mit Nüssen und Eicheln vollgestopft und unermüdlich wurde Futter beiseitegeschafft. Lu erfreute uns mit seinen Besuchen durch den Sommer, Herbst und den größten Teil des Winters, in dem er sich meistens auf einen täglichen Besuch beschränkte. Als die Paarungszeit im Januar begann, blieb er ab und an ein paar Tage ganz weg. Zu der Zeit entstanden bei seinen gelegentlichen Besuchen Fotos, die zweifellos belegen, dass Lu ein »Er« ist. Im Februar dann hatte anscheinend auch Lu beschlossen, in ein anderes Revier zu wechseln. Vielleicht ist er einer Angebeteten gefolgt?

Wir halten in unserem Hofgarten immer noch Ausschau nach Paddi, Lu und deren Artgenossen und hoffen, dass unsere quirligen und überaus freundlichen wilden Nachbarn uns möglichst bald wieder besuchen. Frei nach Loriot:

Ein Leben ohne Eichhörnchen ist möglich, aber sinnlos.

Linke Seite:
Uups ... – plötzlich saß Paddi auf Birtes Beinen.

Das sind unsere letzten Fotos von diesem Eichhörnchen ...

... und später verabschiedete sich auch Lu.

Wir halten weiter Ausschau nach den beiden ...!

Bildnachweis

Seite 11 links, 17 Mitte links, 88 Kreis, 88/89 Mitte, 90 oben, 104 oben links, 118:
Otfried Möhlmann

Seite 24 unten, 38 großes Bild, 56, 86, 87, 89, 90 unten, 91, 96 rechts, 103, 106, 107, 109, 111, 113, 114, 115:
Sabine Bergner-Rust, Eichhörnchen-Notruf e. V.

Seite 31, 96 links:
Marta Stachura

Seite 65 oben:
Michael Blömeke, Bauanleitungen und DIY-Anleitungen für Heimwerker; www.diy4you.de

Seite 88 links oben, 100, 101 unten:
Julia Hy-Keller
www.designphotography.de

Seite 101 oben:
Fotolia

Seite 112:
Felix Gedanke

Umschlag, Rückseite unten:
Hannelore Becker

Alle weiteren Fotos:
Birte Alber und Carsten Cording

Illustration Seite 24:
Birte Alber

Wir bedanken uns ganz herzlich bei allen Mitwirkenden!

Fachliche Mitarbeit

Beiträge für die Kapitel:
»Das Aufwachsen der Jungtiere« und
»Eichhörnchenwaisen«
Sabine Bergner-Rust, Eichhörnchen-Notruf e. V.

Literaturtipps

»Das Eichhörnchen« von Wolfgang Gewalt, 1956

»Das Eichhörnchen« von Stefan Bosch und Peter W. W. Lurz, 2011
Beide erschienen bei: Die neue Brehmbücherei

»Das Eichhörnchenbuch – Unsere wilden Nachbarn oder Wo bleibt meine Nuss ...??« von
Birte Alber und Carsten Cording, 2011, Verlag tredition

Tipps

Hilfe für Eichhörnchennotfälle gibt es im Internet, zum Beispiel unter den Stichworten Wildtierstationen und Auffangstationen. Weil sich dort häufig etwas ändert, nennen wir hier keine Adressen.

Weitere Informationen finden Sie auf den Webseiten der Eichhörnchen-Schutzorganisationen.

Und diese Musik erinnert uns an Eichhörnchen ...

J. S. Bach, Violinkonzert A-moll BWV 1041,
3. Satz: Allegro assai

G. F. Händel, Concerto grosso op. 6 Nr. 12 H-moll,
5. Satz: Allegro

Impressum

Text, Redaktion und Fotos:
© Birte Alber und Carsten Cording, Hamburg
Kontakt: mail@eichhoernchenbuch.de

Gestaltung und Satz:
Birte Alber | Illustration & Grafik

Lektorat:
Ute Maack, Hamburg

Bibliografische Information der Deutschen Nationalbibliothek:
Die Deutsche Nationalbibliothek verzeichnet diese Publikation in der Deutschen Nationalbibliografie; detaillierte bibliografische Daten sind im Internet über http://dnb.d-nb.de abrufbar

ISBN: 978-3-8495-5178-0

Verlag: tredition GmbH, Hamburg

Druck:
Fromm + Rasch GmbH & Co. KG
Osnabrück

4. überarbeitete Auflage, Oktober 2021